太难啦！养娃第1年

新手爸妈科学育儿指南

广州市妇女儿童医疗中心 编著

SPM
南方出版传媒
广东经济出版社
·广州·

图书在版编目（CIP）数据

太难啦！养娃第1年 ：新手爸妈科学育儿指南 / 广州市妇女儿童医疗中心编著. —广州：广东经济出版社，2021. 11
ISBN 978-7-5454-7812-9

Ⅰ. ①太… Ⅱ. ①广… Ⅲ. ①婴幼儿—哺育—指南 Ⅳ. ①TS976.31-62

中国版本图书馆CIP数据核字（2021）第123135号

责任编辑：周伊凌　李雨昕
责任技编：陆俊帆
版式设计：读家文化

太难啦！养娃第1年：新手爸妈科学育儿指南
TAINANLA YANGWA DI 1 NIAN XINSHOU BAMA KEXUE YUER ZHINAN

出版人	李　鹏
出　版 发　行	广东经济出版社（广州市环市东路水荫路11号11～12楼）
经　销	全国新华书店
印　刷	恒美印务（广州）有限公司 （广州市南沙经济技术开发区环市大道南路334号）
开　本	730毫米×1020毫米　1/16
印　张	11. 25
字　数	233千字
版　次	2021年11月第1版
印　次	2021年11月第1次
书　号	ISBN 978-7-5454-7812-9
定　价	68. 00元

图书营销中心地址：广州市环市东路水荫路11号11楼
电话：（020）87393830　邮政编码：510075
如发现印装质量问题，影响阅读，请与本社联系
广东经济出版社常年法律顾问：胡志海律师

编委会成员

主　　审：韦建瑞

学术顾问：李庆丰　龚四堂

主　　编：宋燕燕　林穗方　胡　艳

编者（按姓氏笔画排序）：

马　颖　马冰洁　文羽祺　卢少敏　邢艳菲　华宁宣

刘倩筠　刘慧燕　胡　芳　胡　翩　谈敏怡　梁晶晶

蒋　琳　谭栩颖

专家推荐

静进

教授

中山大学儿童青少年心理行为发育研究中心主任

对新生儿家长而言，这本手册建议和指导真诚而实在，所有家长都可以借它快速上手。你会从它这里了解宝宝发展的脉络，获取智慧，用它来达成亲子双方心愿，是本极佳的手册！

张霆

首都儿科研究所研究员

全国妇幼健康研究会儿童早期发展专委会主任委员

每个家庭养育都是在学习中成长，新手父母的养育苦恼这里给力解答。画风亲民，内容舒适，适合居家育儿必备。没有人天生会做父母，学习起来！

徐韬

研究员 / 主任

中国疾病预防控制中心妇幼保健中心儿童保健部

由广州市妇女儿童医疗中心的儿童保健专家们精心打造的这本《太难啦！养娃第 1 年：新手爸妈科学育儿指南》，采用问答的方式，图文并茂地展示了新手爸妈关心的“养娃那些事儿”。书中将专家们的临床工作经验转化为通俗易懂的“育儿贴士”，更开辟了“辟谣栏目”。比起其他以理论为主的书籍，本书更具可操作性、更实用。在这个信息时代，新手爸妈常因迷失在良莠不齐的育儿信息海洋中而倍感紧张和焦虑，但是从这本书开始，您将轻松掌握育儿技能、变为育儿达人，陪伴宝宝一起愉快的成长！

前　言

亲爱的家长，恭喜您首次成为幼小生命的守护者！第一次当父母，您会不会感到紧张和忧虑呢？会不会担心不知如何照顾宝宝，不知如何让宝宝发育得更好？为人父母，则为之计深远。别担心，我们为您提供的这本新手父母必备手册——《太难啦！养娃第 1 年：新手爸妈科学育儿指南》，内含针对 0 ～ 1 岁宝宝的大量科学育儿知识，涵盖营养与喂养、宝宝护理、生长发育、早期发展建议、疾病与意外防护、接种建议等多个方面内容，是您育儿路上不可或缺的小帮手。

作为一名儿童保健医生，从医三十多年来，我经常会收到新手爸妈们五花八门而又具有共性的关于如何照护新生宝宝的问题，因此，我希望能够结合家长们最为关心的育儿问题，根据临床经验和专业知识，为您提供 0 ～ 1 岁宝宝的家庭育儿指南，希望本书能解答新手爸妈们的常见困惑，能让新手爸妈们更从容地面对和解决照顾新生宝宝时可能遇到的困难。

0 ～ 1 岁是婴幼儿生长发育极为迅速又极其重要的关键时期，这个时期发育情况，对影响孩子的一生。在生命早期给宝宝提供良好的刺激，可促进大脑神经网络和神经心理的发育，使宝宝潜能得到最大限度发挥。良好的养育照护为宝宝未来的健康、学习能力、生产力及幸福感奠定基础，其影响贯穿人的一生。家长需要做的就是及时识别和理解宝宝的需求，及时而合理地回应宝宝发出的信号，让宝宝感到安全，实现回应性照护，并根据不同月龄婴幼儿的生长发育特点，对其生活起居进行合理安排，以保证其生活的规律性和稳定性。希望本书能够为新手爸妈们提供科学育儿的指导和帮助，让宝宝在来到世界的第一年得到更好的养育照护，也让家长们的育儿之路更加轻松。

让我们从现在开始，学习做合格的父母，和宝宝一起成长吧！

宋燕燕

2020 年 12 月 1 日于广州

目录

CONTENTS

0～3 月龄

4～6 月龄

7～12 月龄

0~3 月龄

营养与喂养

了解母乳喂养是宝宝出生后宝爸宝妈们的头等大事。尽管母乳喂养是人类千百年来的养育本能，但建立科学育儿知识体系将给初为父母的家长们更好的养育支持。坚持母乳喂养至宝宝 2 岁，在母乳不足的时候添加配方奶进行混合喂养，在妈妈自身有母乳喂养禁忌或疾病的情况下用配方奶人工喂养等，这些都是婴幼儿期乳类食物的喂养方式。

母乳喂养基础知识

哺乳前的准备

计划母乳喂养的妈妈，提前准备母乳喂养的辅助装备有利于母乳喂养的顺利进行。

★**哺乳文胸和哺乳衣**：准备 2 ~ 3 件哺乳文胸，尺码要比孕期文胸大 1 个码，哺乳文胸要有前授乳开口，方便哺乳。哺乳衣要在乳房位置有开口，可以直接掀开，这对于需要在公共场合哺乳的妈妈来说是非常实用的。

★**防溢乳垫**：对于乳汁分泌过多、哺乳时另一侧漏奶，或者涨奶时宝宝不在身边的妈妈来说，防溢乳垫是必备品，可以贴在文胸罩杯内侧，吸收多余的乳汁。防溢乳垫要及时更换，避免细菌滋生，引起乳头发炎。

★**哺乳枕和脚凳**：哺乳枕可以减轻妈妈哺乳时手臂的酸痛，脚凳可以抬高妈妈的大腿让宝宝更接近乳房。

★**吸奶器**：吸奶器几乎是每个哺乳妈妈的必备用品。当宝宝不在妈妈身边时，妈妈可定时用吸奶器吸空乳房，这样能维持泌乳，待宝宝回到身边时可以恢复亲喂。此外，若宝宝夜间吃奶时间间隔长，妈妈涨奶，此时可以使用吸奶器排空乳房的乳汁，避免因长时间涨奶而引起堵奶。

哺乳姿势

采用正确的哺乳姿势才能让宝宝有效地吸吮，并且能避免妈妈因为哺乳而感到身体不适。哺乳时，妈妈要保持舒服和放松的体位，可选择侧卧式、蜡抱式、抱球式等不同的哺乳姿势。

★**摇篮式：**妈妈用哺乳乳房同侧手臂托起宝宝，上臂（手臂从肩到肘的部分）紧贴身体，前臂（手臂从肘到腕的部分）托着宝宝的头和身体，手托起宝宝的屁股或大腿，另外一只手可以托住乳房。妈妈需要保证背部是直挺的，太靠后或者太靠前都不利于哺乳，可以在背部垫一个靠枕以减轻腰部不适。

★**交叉式：**妈妈用哺乳乳房对侧的手托起宝宝的头，手臂托起宝宝的上背部，宝宝的臀部可以放在妈妈腿上的枕头上，同样，宝宝的嘴要对准妈妈乳头。这种姿势适合衔乳不好的宝宝，因为妈妈可以用手托起宝宝的颈后部，方便帮宝宝调整姿势。

★**橄榄球式：**这个姿势比较适合剖宫产的妈妈，可减少对伤口的压力，也适合双胞胎的妈妈，采用这个姿势可以实现两侧同时哺乳。采用这个姿势时，妈妈要像抱橄榄球或者像腋下夹手提包那样把宝宝夹在准备哺乳的乳房同侧，让宝宝的头紧贴妈妈的胸部，用手臂支撑宝宝的上背部，用手托起宝宝的头部和颈部。在手臂下放一个枕头，让宝宝头部和乳房保持平齐。

★**侧卧式：**侧卧式比较适合刚刚做完剖宫产的妈妈。妈妈侧躺，头部垫一个枕头，身后也要用枕头或者柔软的垫子支撑，让宝宝面对着自己躺着，把宝宝的头放在自己的臂弯处，让宝宝的嘴巴和自己的乳头处在同一水平线上。如果需要换对侧哺乳，可以用枕头把宝宝头垫高，让宝宝的头和另一侧乳房平齐，或者妈妈可以抱紧宝宝，翻身换对侧躺。

每次哺乳前，妈妈都要先将双手洗净，然后根据自身的喜好和习惯选择姿势。

不管选择何种姿势，都应该注意：

①将宝宝放在妈妈一侧抬高的腿上，可在妈妈的脚下放一小板凳用以支撑，妈妈用被吸吮乳房侧的手托住宝宝的头背部，使宝宝的头颈得到支撑。

②将宝宝的身体尽可能地贴近妈妈，嘴要贴近妈妈的乳房。

③妈妈要用另一只手托住被吸吮侧的乳房，让宝宝的下颌贴在乳房上，妈妈用手协助宝宝含住乳晕和乳头，此时可见宝宝的下唇向外翻，嘴上方露出的乳晕比下方多。

④宝宝吸吮 2 ～ 3 次后可以听到吞咽声音，表明宝宝含乳房的姿势正确，吸吮有效。

喂养间隔时间

★合适的哺乳次数和间隔：

2 月龄内的宝宝需要每日多次按需哺乳。这样可以使妈妈的乳头得到多次刺激，促进泌乳。在宝宝出生后的第 1 个月，喂奶频率可以从每小时 1 次逐步过渡到每 2 ~ 3 小时 1 次，夜间可以喂 2 ~ 3 次。大部分宝宝在 3 月龄后，基本可以接受定时喂养，妈妈可间隔 3 ~ 4 小时喂奶 1 次，每天约喂 6 次。

一般而言，白天喂奶时间间隔不宜超过 3 小时，夜间不宜超过 4 小时，每日的喂奶次数一般为 8 ~ 12 次。如果间隔太久建议叫醒宝宝吃奶，宝宝不必完全清醒，只要他继续吃奶即可，如果第 1 次叫他依然不想吃，可以在半小时后尝试叫第 2 次。每次哺乳的时间要尽量久一点，如果宝宝刚吃几口就昏昏欲睡，可以叫醒他继续吃，如果宝宝还在吸吮，那妈妈就不要停止哺乳，宝宝吃饱了会自觉地吐出乳头。尽量让他吸空一侧乳房再去吸另一侧乳房。后乳的脂肪含量较高，对其生长发育非常重要。

奶量的判断

★奶量的判断：

亲喂母乳的妈妈，经常遇到这样的困惑：如何判断宝宝的奶量？宝宝到底吃饱了吗？出现下列情况时妈妈或家人会担心母乳不足：宝宝经常哭闹；宝宝非常频繁地吃母乳；宝宝吃母乳的时间持续很长；妈妈挤压乳房没有看到乳汁流出；妈妈缺乏涨奶的感觉……

然而，大部分存在这种困惑的妈妈，母乳含量都是充足的。在生产后第 1 个月，纯母乳喂养的宝宝间隔 1 个多小时就需要吃奶是很常见的。此外，让宝宝吸吮乳房不仅仅是满足其饥饿的需求，也是为了给宝宝提供温暖和爱的感觉。有时候宝宝哭闹除了是因为肚子饿了，也可能是不舒服。刚出生的新生儿胃容量很小，出生第 1 天只有 5 ~ 7 毫升；出生后 3 天为 22 ~ 27 毫升；出生后 7 天的胃容量才有乒乓球的大小；接近满月时宝宝每次吃奶可达到 60 ~ 90 毫升。

妈妈可以通过以下信号，判断宝宝是否吃饱了

哺乳的次数。出生后的第 1 周，足月儿每天需要哺乳 8 ～ 12 次。到出生后第 4 周，哺乳次数会减少到每天 7 ～ 9 次，也有部分高需求的宝宝仍需要每天哺乳 8 ～ 12 次。

宝宝的大小便次数。出生后第 1 天，宝宝通常有 1 次小便，之后几乎每天增加 1 次小便。出生 1 周后，奶量足够的宝宝一般每天排小便 6 ～ 8 次，排大便 3 次以上。一般宝宝出生 5 ～ 6 天后，大便呈金黄色。

观察宝宝。宝宝吸吮有力，可以听到频繁的吞咽声；宝宝的嘴角可能有奶漏出；宝宝在吸吮过程中或吸吮后会表现出满足感。这些都表明宝宝每顿奶量足够。若宝宝吸奶时要花很大的力气，或一直含着乳头不放，或猛吸一阵又把乳头吐出来，且每天体重增长缓慢，则表明宝宝的母乳摄入量不足。

监测宝宝的体重。只依靠哺乳次数和大小便的情况不能完全判断宝宝的奶量是否足够，还需要监测宝宝的体重变化情况。足月儿通常在出生后 3 ～ 5 天会出现生理性的体重下降，宝宝出生后 10 天内可以恢复至出生体重，如新生儿体重下降超过 10% 或至第 2 周仍未恢复到出生体重，应考虑是否是喂养不足或病理原因所致。3 月龄内的宝宝体重增长每天约 30 克，3 ～ 4 月龄间体重增长每天约 20 克，之后增长速度减缓。3 ～ 4 月龄的宝宝体重约等于出生体重的 2 倍；12 月龄时宝宝体重约为出生体重的 3 倍（9.5 ～ 10.5 千克）；2 岁时体重达到出生体重的 4 倍（12 ～ 13 千克）。

识别宝宝发出的饥饿及饱腹信号

识别宝宝发出的饥饿及饱腹信号，并及时给予应答，是帮助宝宝在早期养成良好进食习惯的关键。出现觅食反射、频繁吸吮手指、有些焦躁不安、出现欲哭表情、嘴发出“吧唧”声，这些都是宝宝饥饿的表现，此时应马上进行哺乳。不宜等宝宝持续哭闹才哺乳，因哭闹已表示宝宝很饥饿。宝宝出现停止吸吮、张嘴、把头转开等行为，表明宝宝已经有饱腹感，此时不应强迫宝宝进食。

哺乳期饮食

★妈妈的合理膳食原则：

1）增加鱼类、禽类、蛋类、肉类及部分海产品摄入，保证充足的优质蛋白质。

2）适当增加奶类等钙含量丰富的食品的摄入。

3）粗细粮搭配、膳食多样化。

4）摄入足够的新鲜蔬菜和水果。

5）多喝汤水，避免烟酒、浓茶和咖啡。

6）科学活动，保持健康体重。

中国营养学会妇幼营养分会推荐的妈妈一日各类食物摄入量如表 1-1 所示。

表 1-1　妈妈一日各类食物摄入量

食物类型	摄入量
谷类、薯类及杂豆类	350 ~ 450 克（杂粮不少于 1/5）
蔬菜类	300 ~ 500 克（绿叶蔬菜占 2/3）
水果类	200 ~ 400 克
鱼类、禽类、蛋类、肉类（含动物内脏）	200 ~ 300 克（其中鱼类、禽类、蛋类各 50 克）
奶类及奶制品	300 ~ 550 克
大豆及坚果	60 克
烹调油	25 ~ 30 克
食盐	6 克
水	适量

素食妈妈该如何保证营养均衡?

素食妈妈饮食结构最大的缺陷在于动物蛋白的摄取量不足及缺乏维生素和矿物质。为了获取足够的蛋白质，素食妈妈需要通过其他的途径获取蛋白质，如吃鸡蛋、坚果、大米、豆制品等。此外，还需要适当补充一些维生素和矿物质，比如维生素 B_{12}、铁、锌等，尤其是对于拒绝任何动物产品的严格素食主义妈妈来说，补充维生素和矿物质是非常必要的。当然，保证总热量摄入也是非常重要的，妈妈每天至少需要摄入 2200 千卡的热量。如果依然不知道如何均衡你的膳食，建议咨询营养师。

早产儿和低出生体重儿出院后的强化喂养

早产儿和低出生体重儿能量和蛋白质累积不足，身体内的其他营养物质的储备也未达到相应胎龄的水平。将宝宝的体重和身长描绘在生长曲线上，我们会发现他们的生长水平呈现出偏离同龄足月正常出生的宝宝水平，生长较缓慢。

对于母乳喂养的宝宝，强化喂养是指给予母乳强化剂，增加母乳中营养素的含量；对于不能进行母乳喂养的宝宝，家长们可以选用早产低出生体重儿配方奶粉。**对早产儿或低出生体重儿进行强化喂养，是为了提供足够的营养，在早期实现追赶生长。**由于早产儿的生长情况个体差异较大，出院后的强化喂养要根据早产儿的追赶生长情况，在儿童保健医生的指导下进行。一般情况下，当早产儿体格生长各项指标达到同月龄儿的第20百分位标准值~第25百分位标准值后，就应停止强化喂养。值得注意的是，停止强化喂养应依照循序渐进的降低能量密度的过程。如对于使用母乳强化剂的早产儿，应逐渐减少母乳强化剂的用量直至停用；对于用早产儿配方奶粉进行喂养的早产儿，可以逐渐减少喂养早产儿配方奶粉的次数，过渡到纯母乳喂养或用普通婴儿配方奶粉进行喂养。在这个过程中仍需要监测早产儿的生长情况，避免生长过快或过慢。

母乳喂养中的常见问题

乳头凹陷

乳头凹陷是母乳喂养中较为常见的现象，发生率为1.77% ~ 11.2%。单侧或双侧均可出现，其中86.79%的乳头凹陷为双侧，但大部分的乳头凹陷并不严重，只有约3.77%为完全凹陷。那么，出现乳头凹陷或乳头扁平的妈妈，可以亲喂母乳吗？这取决于妈妈乳头凹陷的程度以及宝宝含乳衔接是否充分。大多数情况是可以实现亲喂的，但可能会面临一些挑战，哺乳过程需要一点技巧。

如果妈妈在分娩后静脉输注较多液体，容易发生乳房水肿，会加重乳头凹陷或扁平的程度。此外，乳房过度涨奶或肿胀，会使得宝宝含乳衔接困难。

一些乳头凹陷严重的妈妈，在尝试这些无创方法后仍无法实现有效含乳衔接时，可能需要外科手术干预。但无论出现何种类型的乳头凹陷，都应在产后进行母乳喂养，很多时候经过不断地实践及磨合，大多数妈妈可以实现亲喂。

小技巧

★使用乳头内陷矫正器。

★使用乳罩。可以在分娩前就开始使用，分娩后在每次哺乳前也需使用，有利于凹陷或者扁平的乳头凸出，有利于宝宝含乳衔接。

★使用吸奶器。哺乳前用吸奶器的负压吸出乳头，再让宝宝进行含乳衔接。

乳头皲裂

哺乳期的妈妈乳头皲裂，大多数是宝宝含乳衔接不当造成的。正确的含乳衔接方式是让宝宝把大部分的乳晕都含在嘴里，这样就不会造成妈妈乳头皲裂。如果出现乳头轻微皲裂，每次宝宝吸吮之后可以将乳汁均匀涂在乳头上，防止乳头皲裂程度加重，并促进伤口愈合。

当然，如果裂口疼得厉害，不建议强忍着继续哺乳，可以先用手或吸奶器挤出奶水，暂时用小勺喂（奶瓶喂哺易造成宝宝“小口吸吮吃奶”，而吸吮乳房是要宝宝的嘴大包裹住乳头和乳晕的），等伤口愈合后再亲喂。

保健方法

★妈妈出现乳头皲裂后，要防止细菌通过裂口进入乳房，引发乳腺炎，所以做好乳房清洁很关键。每次喂奶前后，妈妈都要用干净的毛巾蘸水擦拭乳房，尤其是喂奶后，宝宝的口水会刺激伤口，所以一定要擦拭干净。

★哺乳前，可热敷乳房和乳头 3 ~ 5 分钟，使乳晕变软，易被宝宝含吮。

★哺乳应采取舒适、正确的喂哺姿势，哺乳中可交替改变抱婴位置，使吸吮力分散在乳头和乳晕四周。

★让宝宝含住大部分乳晕，乳头应该完全越过宝宝的牙床。如果只是吸吮乳头，不仅宝宝吃不到奶，而且会引起乳头皲裂。一旦发现宝宝衔乳姿势错误，妈妈可以将手指伸进宝宝下唇和乳房之间，断开衔接，重新让宝宝衔乳。

★注意宝宝口腔卫生，若宝宝口腔及口唇发生口腔炎、鹅口疮等感染，应及时治疗。在此期间，为防止乳腺继发感染，可暂停母乳喂养 24 小时。

★哺乳结束后，若宝宝仍紧含乳头，可用食指轻轻按压宝宝下颌，温和地中断吸吮，使乳头与宝宝的嘴巴自然分离。

宝宝出牙咬乳头

大部分的宝宝在出生 6 个月后就会陆续长出小乳牙，很多妈妈因为宝宝咬乳头，或者害怕宝宝咬乳头就贸然给出牙的宝宝戒奶，其实一个专注于吸奶的宝宝是不会咬乳头的，因为他在吸吮时舌头覆盖了下门牙，需要发力的是两颊，而不是牙齿，一般宝宝只有在吃饱以后才会好奇地想要咬咬乳头，磨磨牙。因此，摸清了宝宝的规律就可以对症预防了。

对于刚萌出小乳牙，还没有开始咬乳头的宝宝，妈妈可以在他有节奏的吸吮刚刚结束，估计他已经吃饱了以后，以迅雷不及掩耳之势拔出乳头，不给他任何玩弄乳头的机会。

如果你的宝宝已经开始咬乳头了，你要告诉他：不可以。然后平静地把乳头从他嘴里取出，不要表现得很生气或者神情带有游戏的成分，否则宝宝会认为这样咬很有趣而想要重复尝试，在宝宝意识到咬了乳头就没有母乳喝了以后他就不会再咬了。

乳腺管堵塞的预防和处理

乳腺管堵塞会导致乳房形成疼痛的包块或硬块；若乳头堵塞，在乳头末端可能会生成白点或小疱。乳腺管堵塞的原因包括哺乳技巧不正确、衣物过紧、突然减少哺乳次数、涨奶和感染等。

预防和处理乳腺管堵塞的方法

①采用正确的哺乳姿势，让宝宝正确地含乳衔接。充分哺乳，保证乳房各个部位的乳汁都排空。如果已经发生了乳腺管堵塞，可以让宝宝的下巴靠近堵塞的部位，这样有利于排空堵塞部位的乳汁，缩小堵塞的硬块。在每次亲喂母乳后，还可以用吸奶器将乳房排空。在发生乳腺管堵塞后，不能停止哺乳，因为涨奶也会加重乳腺管的堵塞。

②温敷乳房或者用温水淋浴，然后从乳房外周向乳头的方向按摩，促进乳腺管的疏通。

如果乳腺管堵塞持续 2 天仍无好转，应及时就医。

宝宝吐奶、溢奶怎么办？

0 ~ 3 月龄的宝宝常出现吐奶、溢奶的情况。在正常情况下，宝宝每次吐奶或溢奶的量都不大，大约1小勺的量。如果宝宝突然大量、重复吐奶，就需要及时就诊。如果吐奶量比往常多的情况只出现一次，不必惊慌，可以先观察。

减缓宝宝吐奶、溢奶的方法

①喂奶时准备好洁净的小毛巾，在宝宝吐奶或溢奶后及时擦净，若宝宝的衣物因为溢奶湿了，要及时更换。

②妈妈要注意喂奶的姿势，防止宝宝打嗝时发生呛咳，乳汁倒流进入呼吸道。

③在喂奶过程中轻轻拍打宝宝的背部，喂完奶后将宝宝竖抱，给宝宝拍背，让其胃里的乳汁慢慢往下流，让空气自然跑到胃的上部排出。

④吃完奶后不要晃动或推挤宝宝。

新生儿喂养困难有哪些表现？

反射性吸吮和饥饿是宝宝进食的动力。然而，在儿童发育的任何阶段，生理的因素和病理的因素均可干扰儿童进食。难以适应环境、过度敏感的宝宝常常有不稳定的进食时间，常表现为以感觉或行为为主的喂养困难，如睡觉时喂哺或者只让某一个人哺乳；唇、腭裂宝宝吸吮时不能关闭口腔，产生无效吸吮；发育迟缓或有其他并发症会导致宝宝常有运动性的喂养障碍，如脑瘫儿童表现为口腔运动或吞咽功能不全，即吸吮差或吐舌，不能从勺中吃食物，不能咀嚼固体食物，导致口腔摄食差，生长不足。

对于喂养困难的宝宝，应先排除疾病因素影响。排除疾病因素后，再从食物种类、喂养方式、喂养时间、喂养量等方面寻找原因，及时调整饮食，使宝宝的进食状况逐步得到改善。

哪些情况下妈妈不宜哺乳？

如果妈妈患有以下严重疾病，应停止哺乳：

★严重的心脏病、心功能Ⅲ～Ⅳ级。

★严重的肾脏、肝脏疾病。

★高血压、糖尿病并伴有重要器官功能损伤。

★严重的精神病、反复发作的癫痫。

★先天性代谢性疾病。

★需要进行放疗或化疗的疾病。

此外，吸毒未戒毒的妈妈也不宜哺乳。

妈妈患有传染性疾病能否进行哺乳，需要分情况考虑。

★携带艾滋病病毒或确诊艾滋病的妈妈不进行母乳喂养。

★携带单纯乙型肝炎病毒（HBV）的妈妈，在宝宝出生后进行联合疫苗注射，即注射乙肝疫苗和免疫球蛋白后可进行母乳喂养。但对于乙肝大三阳合并乙型肝炎病毒的 DNA 浓度大于 2×105IU/mL 的活动性肝炎妈妈生的宝宝，母乳喂养会增加母婴传播乙型肝炎的风险，不建议进行母乳喂养。

★感染结核病的妈妈在经过治疗后，如果没有临床症状，可以考虑哺乳。如果妈妈很焦虑，担心哺乳会影响宝宝，则不建议进行母乳喂养。

★处于各型传染性肝炎的急性期、肺结核活动期、流行性传染病传染期的妈妈，不宜哺乳，应该以配方奶代替母乳哺乳。但应定时使用吸奶器吸出母乳，避免回奶，维持泌乳。待妈妈痊愈后可以继续进行母乳喂养。

★患乳房疱疹的妈妈不宜哺乳。

人工喂养基础知识

在什么情况下建议人工喂养？

虽然母乳是婴儿的最佳食物，母乳喂养对婴儿有很多益处，我们也提倡母乳喂养，但在某些特殊情况下不宜进行母乳喂养，应选择配方奶人工喂养。

1

妈妈患有某些疾病，如艾滋病、活动性肺结核；处于各型传染性肝炎急性期、肺结核活动期，单纯带状疱疹病毒、巨细胞病毒等病毒感染期或患有其他严重的传染病；有严重的心脏病、肾脏疾病、糖尿病、恶性肿瘤、精神病和先天性代谢性疾病等情况下不宜进行母乳喂养。

2

妈妈吸毒未戒毒之前或长期服用药物，大量饮酒、酗酒，吸烟，进行放射治疗或者密切接触放射性物质，经常接触农药或铅、汞、镉、砷等化学毒物，也不建议进行母乳喂养。

3

妈妈身体极其虚弱，如严重营养不良、分娩时失血过多或孕期和产后有严重的并发症等，母乳喂养会使妈妈身体难以支撑，应暂时停止哺乳，待痊愈后再进行母乳喂养。

4

妈妈做过植入硅胶的隆胸手术，不建议进行母乳喂养。

5

妈妈在哺乳过程中再次怀孕，也应停止母乳喂养。

6

妈妈母乳严重不足，经专业人员指导和各种努力后乳汁仍然不足时，也需要进行人工喂养。

7

宝宝患有苯丙酮尿症、半乳糖血症、乳糖不耐受症、枫糖尿症等先天遗传代谢性疾病，也不宜进行母乳喂养，需选择特殊的配方奶进行喂养。

如何进行混合喂养？

因各种原因导致母乳不足或妈妈不能按时给宝宝哺乳时，需加喂代乳品的方式称为混合喂养，一般混合喂养有两种方法。

当6个月以内的宝宝因母乳量不足需要进行混合喂养时，母乳喂养次数一般不变，每次喂养时应先喂母乳，在宝宝将乳房吸空后，若宝宝未吃饱可再补充乳品或代乳品，这种方法为补授法。补授的乳量可根据宝宝的食量大小及母乳量多少来确定。一般每次先让宝宝吃饱，如无消化不良等异常情况，几天后就可知道每次需要补充的乳量。

采用补授法时每次喂奶都可将乳房吸空，这样做有利于刺激母乳分泌，促进奶量增加，不至于回奶。此法适合母乳不足，但与宝宝一直待在一起的妈妈。

对于母乳量充足，但因各种原因无法按时喂奶的妈妈，可用代乳品替代1次或几次母乳喂养，这种方法为代授法。即使在使用代乳品代替喂养时，妈妈最好也能按时将乳汁挤出，以保持母乳的正常分泌，不至于回奶。挤出的母乳应该装在消过毒的奶瓶或者特定的储奶袋中，在室温下可保存6小时，冰箱冷藏可保存24小时，冷冻保存3个月左右，同时应在储奶容器上注明日期，使用前温热后喂哺。

此法适合外出时间较长或需要上班的妈妈。

早产儿如何进行人工喂养？

早产儿的人工喂养需根据早产儿营养风险程度选择不同的方案。根据早产儿的出生胎龄、出生体重、喂养状况、生长评估结果以及并发症可将营养风险的程度分为高危、中危和低危三类。

高危早产儿

胎龄＜32周，出生体重＜1500克，存在早期严重并发症、出生后早期喂养困难、体重增长缓慢等任何一种异常情况的早产儿。

母乳喂养

足量强化母乳（334～355千焦/100毫升）喂养至矫正胎龄38～40周后，母乳强化调整为半量强化（305千焦/100毫升），鼓励采用部分直接哺乳、部分母乳＋母乳强化剂的方式，为将来停止强化、直接哺乳做准备。

人工喂养

用早产儿配方奶（334～355千焦/100毫升）喂养至矫正胎龄38～40周后，转换为早产儿过渡配方奶（305千焦/100毫升）。

混合喂养

如果母乳量≥50%，则足量强化母乳（334～355千焦/100毫升）＋早产儿配方奶喂养至矫正胎龄38～40周，之后转换为半量强化母乳（305千焦/100毫升）＋早产儿过渡配方奶；如果母乳量＜50%，或缺乏母乳强化剂，则鼓励直接哺乳＋早产儿配方奶喂养至矫正胎龄38～40周，之后转换为直接哺乳＋早产儿过渡配方奶。

高危早产儿根据其生长和血生化情况，一般需应用喂养建议至矫正6月龄左右，个别早产儿可至1岁。

中危早产儿

32 周≤胎龄≤ 34 周，1500 克≤出生体重≤ 2000 克，无早期严重合并症及并发症、出生后早期体重增长良好的早产儿。

母乳喂养

足量强化母乳（334 ~ 355 千焦 / 100 毫升）喂养至矫正胎龄 38 ~ 40 周后，母乳强化调整为半量强化（305 千焦 / 100 毫升），鼓励部分直接哺乳、部分母乳 + 母乳强化剂的方式，为将来停止强化、直接哺乳做准备。

人工喂养

用早产儿配方奶（334~355 千焦 / 100 毫升）喂养至矫正胎龄 38 ~ 40 周后，转换为早产儿过渡配方奶（305 千焦 / 100 毫升）。

混合喂养

如果母乳量≥ 50%，则足量强化母乳（334~355 千焦 / 100 毫升）+ 早产儿配方奶喂养至矫正胎龄 38 ~ 40 周，之后转换为半量强化母乳（305 千焦 / 100 毫升）+ 早产儿过渡配方奶；如果母乳量 < 50%，或缺乏母乳强化剂，则鼓励直接哺乳 + 早产儿配方奶喂养至矫正胎龄 38 ~ 40 周，之后转换为直接哺乳 + 早产儿过渡配方奶。

中危早产儿根据其生长和血生化情况，一般需应用至矫正 3 月龄左右。

低危早产儿

胎龄 > 34 周且 < 37 周，出生体重 > 2000 克，无早期严重并发症、出生后早期体重增长良好的早产儿。

母乳喂养

直接母乳喂养，按需哺乳，最初喂养间隔小于 3 小时；如果生长缓慢（体重增长 < 25 克 / 天）或血碱性磷酸酶升高、血磷降低，可适当应用母乳强化剂。

人工喂养

用普通婴儿配方奶（281 千焦 /100 毫升）喂养；如果生长缓慢（体重增长 < 25 克 / 天），或每日摄入奶量 < 150 毫升 / 每千克体重，可适当用早产儿过渡配方奶喂养，直至生长满意。

混合喂养

鼓励直接哺乳 + 普通婴儿配方奶喂养，促进乳汁分泌；如果生长缓慢（体重增长 < 25 克 / 天），或每日摄入奶量 < 150 毫升 / 每千克体重，可适当采用部分早产儿过渡配方奶喂养，直至生长满意。

即使营养风险程度相同的早产儿，其强化喂养的时间也存在个体差异，要根据其体格生长各项指标在矫正同月龄的百分位数决定继续或停止强化喂养，最好达到第 25 百分位数 ~ 第 50 百分位数，出生时小于胎龄的婴儿 > 第 10 百分位数，参考个体增长速率的情况，注意避免体重 / 身长 > 第 90 百分位数。如果达到追赶目标，则可逐渐终止强化喂养。准备停止强化喂养时，应逐渐降低营养能量密度至与普通婴儿配方奶相同。

如何选择合适的配方奶?

当母乳不足时，配方奶是所有乳制品中的不二选择。尽管不能完全替代母乳，但接近母乳成分的配方奶的科学营养比例能够给宝宝们提供充足的营养。

根据宝宝发育阶段选择

不同年龄段宝宝的营养需求不同，应根据相应的年龄段选择合适的奶粉，一般0 ~ 6月龄为第一阶段，7 ~ 12月龄为第二阶段，1 ~ 3岁为第三阶段，4 ~ 6岁为第四阶段。

根据宝宝体质选择

不同特殊体制的宝宝对于配方奶有不同的需求（见表1-2），选择奶粉时，要将宝宝体质作为重要的考虑因素。

表1-2　不同特殊体质的婴儿对于配方奶的特殊需求

不同特殊体质宝宝	特点	奶粉选择
苯丙酮尿症宝宝	不能消化苯丙氨酸	选择不含苯丙氨酸或低苯丙氨酸的奶粉
乳糖不耐受症或半乳糖血症宝宝	体内不产生分解乳糖的乳糖酶	选择专门的无乳糖配方奶粉喂养；选择以牛乳为基础的无乳糖婴儿配方奶粉和以大豆为基础的无乳糖婴儿配方奶粉
枫糖尿症宝宝	体内分支酮酸脱羧酶缺陷致使分支氨基酸分解代谢受阻	选择不含亮氨酸、异亮氨酸和缬氨酸的配方奶粉
牛奶蛋白过敏或腹泻宝宝		一般根据宝宝的腹泻和过敏程度择选奶粉。轻度的腹泻或过敏可选择适度水解蛋白配方奶粉，过敏或短肠症候群比较严重建议选择深度水解蛋白配方奶粉；非常严重的慢性腹泻、过敏或短肠综合征则应选择元素配方奶粉
早产儿	体质较正常出生的宝宝弱，对营养的需求与正常出生的宝宝不同	选择专门的早产儿配方奶
缺铁性贫血宝宝	需要补充铁	选择强化铁奶粉

根据品牌选择

建议选择大品牌、口碑比较好的配方奶，可以保证奶粉的安全和营养。

根据宝宝反应选择

选择宝宝爱吃，吃后无拉肚子、过敏等不良反应的奶粉，不要一味追求高价。

如何选择合适的奶瓶？

目前市面上奶瓶众多，挑选时可根据以下原则来进行：

根据不同材质、不同形状选择奶瓶

目前市面上较为常见的奶瓶有玻璃奶瓶、塑料奶瓶、硅胶奶瓶和不锈钢奶瓶，其特点和缺点如表 1-3 所示。奶瓶还可根据形状分为圆形奶瓶、弧形奶瓶和带柄奶瓶，其特点和适用阶段如表 1-4 所示。

表 1-3　根据不同材质选择奶瓶

材质	特点	缺点
玻璃奶瓶	材质安全、不含双酚 A，透明度高，耐高温，内壁光滑，不藏奶垢，易清洗，使用时间也较长	较重，易碎，不耐摔
塑料奶瓶	较轻，耐用，不易碎，方便携带	容易磨损，需定期更换，需防止其释放双酚 A
硅胶奶瓶	材质安全、不含双酚 A，耐高温，不易变形，柔软，与妈妈乳头触感相似	价格较昂贵
不锈钢奶瓶	材质安全无毒，经久耐用，不易碎	因其不透明，不易掌握奶量，不太方便清洗

表 1-4　根据不同形状选择奶瓶

形状	特点	适用阶段
圆形奶瓶	内颈平滑，液体流动顺畅，方便清洗	适合各年龄段宝宝
弧形奶瓶	瓶身有一定的弧度，便于握住	适合宝宝能自己喝奶时使用
带柄奶瓶	瓶身两侧有手柄，方便宝宝抓握	用于训练宝宝自己喝奶或喝水

根据容量选择奶瓶

奶瓶通常有 120 毫升、160 毫升、200 毫升和 240 毫升等不同容量，家长可根据宝宝的食量和用途进行挑选。一般来讲，未满 1 个月的宝宝的哺乳量为 100 ~ 120 毫升 / 次，可选择容量小的奶瓶，而随着宝宝年龄的增长，其食量也逐渐增大，则应选择容量较大的奶瓶。如果用奶瓶喝水则选择容量小的奶瓶，而容量大的奶瓶可以用来装辅食；如果考虑经济因素也可选择大一号的奶瓶。

根据口径选择奶瓶

奶瓶口径分为宽口和标准口。宽口奶瓶瓶口偏大，冲奶粉时不易洒，而且清洗也比较容易，但是奶嘴的挑选要慎重，否则容易漏奶，且宽口奶瓶价格普遍高于标准口奶瓶。

根据奶瓶的气味和刻度清晰度选择奶瓶

优质的奶瓶都不应有任何气味，劣质奶瓶打开后则会有难闻的气味；奶瓶上的刻度要清晰、标准，容易识别。

配方奶和鲜牛奶的区别

不可使用鲜牛奶代替配方奶喂养宝宝，因为配方奶是按照母乳的成分加工生产的，比较符合宝宝的营养需求，而鲜牛奶对于宝宝来讲，则存在诸多缺陷。

缺陷1

鲜牛奶蛋白质含量过高，约为母乳的2倍。宝宝肾脏发育不成熟，长期食用过多的蛋白质会增加肾脏负担，造成损伤。

缺陷2

鲜牛奶的蛋白质比例不适合宝宝，酪蛋白含量较高，而乳清蛋白含量较低。酪蛋白由于分子较大，不易被宝宝消化吸收，长期食用会导致宝宝缺乏蛋白质。

缺陷3

鲜牛奶的钙含量虽较高，但铁含量较低，且磷含量较高，会影响宝宝对钙、铁的吸收，长期食用会导致宝宝缺钙和缺铁。

缺陷4

鲜牛奶中的脂肪以饱和脂肪酸为主，不易被宝宝消化吸收，还容易与钙形成皂化块。

缺陷5

鲜牛奶容易受到致病菌的污染，如果消毒不彻底，很容易导致宝宝生病。

正确冲调配方奶的方法

Step 1：冲奶粉前，一定要洗净双手，同时要保证冲调奶粉的桌面干净。

Step 2：要确保水源安全，将冷水烧开至沸腾，然后冷却至40～60摄氏度，可使用保温杯提前备好热水。

Step 3： 按照奶粉罐上注明的比例冲调，先将足量的水倒入奶瓶，再加入相应比例的奶粉，加入的奶粉量切勿太多或太少。

Step 4：运用手腕力量，轻摇瓶底使奶粉充分溶解，避免上下用力摇晃产生过多气泡，从而导致宝宝喝奶时吞入过多气体引起腹部不适或打嗝。

Step 5：喂奶前先滴几滴在手腕部测试温度，感觉温热但不烫即可喂食。

Step 6：冲好的奶粉应让宝宝尽快喝完，可用温奶器进行保温，但最好不要超过2小时。

要注意避免奶液太稀或太浓，太稀会导致宝宝每次摄入的营养不足；太浓会导致宝宝消化不良，增加肾脏负担。

牛奶蛋白过敏

什么是牛奶蛋白过敏

过敏性疾病已成为危害人类健康的全球性问题。首先，我们需要了解什么是食物过敏。食物过敏是指人接触某种食物引发的不正常的免疫反应，导致身体某些组织、器官甚至全身性的损伤或功能障碍。临床上常见的高过敏性食物包括牛奶、鸡蛋、花生、大豆、坚果、小麦面粉、鱼及部分海产品。牛奶蛋白过敏是指部分宝宝在食用牛奶后，未成熟的免疫系统把牛奶中的大分子蛋白当成有害物质，引发不正常的免疫反应，导致宝宝皮肤、消化道、呼吸道等发生损伤或功能障碍的过敏症状。

什么时候应该怀疑宝宝对牛奶蛋白过敏

进食牛奶配方或奶制品数分钟或数小时内出现皮肤、消化道、呼吸道或全身性症状，再次接触或进食后症状再发时，应该高度怀疑宝宝对牛奶蛋白过敏。

什么原因可能导致宝宝牛奶蛋白过敏

牛奶蛋白过敏可能的发病因素包括以下几类：

★家族遗传因素：遗传因素对过敏有较大影响。如果宝宝的父母/兄弟/姐妹有过敏病史，宝宝在生活中发生食物过敏的可能性会更高。研究发现如果父母一方有过敏史，宝宝的过敏风险为33%～48%；如果父母双方有过敏史，宝宝的过敏风险达到80%左右。

★早期的饮食暴露：宝宝胎儿期或出生后进食牛奶配方或奶制品。

★环境因素：包括消毒剂及抗生素的应用。

★免疫状态：皮肤及黏膜屏障、微生物菌群失衡等因素。

牛奶蛋白过敏的宝宝应该选择什么替代品

一旦诊断出宝宝牛奶蛋白过敏，根据严重程度，建议选择氨基酸配方奶或深度水解配方奶，不建议选择部分水解配方奶、大豆配方奶或无乳糖配方奶。

？怎么鉴别牛奶蛋白过敏与乳糖不耐受

乳糖不耐受可引起腹泻，其与腹泻互为因果关系，腹泻也可导致继发性乳糖不耐受。牛奶蛋白过敏也可导致腹泻，而腹泻导致肠道黏膜损伤，破坏了肠黏膜屏障功能，也可导致继发性牛奶蛋白过敏。当牛奶蛋白过敏伴有腹泻时，才会产生继发性乳糖不耐受，没有腹泻，就不会产生乳糖不耐受。建议家长带宝宝到消化专科就诊，进行准确判断。

？牛奶蛋白过敏的宝宝怎么添加辅食

我们根据多年的饮食管理经验，结合国外的临床研究资料建议如下。

辅食添加时间

建议在宝宝 4 ～ 6 月龄时开始添加辅食。研究发现过早（<4 个月）或过晚（>8 个月）添加辅食，均可能增加食物过敏的风险。

辅食添加时机

在宝宝过敏临床症状缓解 2 ～ 4 周后开始添加辅食。但当宝宝有明显的消化道症状，特别是存在消化道黏膜损伤时不建议添加新的辅食，因为强行添加辅食有导致多重食物过敏的风险。

辅食添加数量

每次添加 1 种食物，持续观察 1 ～ 2 周，可在家中进行。进食前可取微量食物涂抹于宝宝口周或耳后，无皮肤反应可开始进食，起始量为半勺至 1 勺，如果没有发生过敏反应，逐日增加半勺至 1 勺，达到约 1 餐的目标量。如不能达到目标量，建议先添加种类，再追加进食量。注意不应在观察期间添加新的食物，以免混淆，无法判断是哪种食物引起宝宝过敏。

在增量期间如出现过敏反应，则要评估反应的强度，症状轻微如出现单个可数的小皮疹、大便性状稍稀薄等，可以继续喂养；当出现皮肤红斑、散在性皮疹、恶心、大便次数增加等症状时，则应退回至不产生过敏反应的进食量。症状严重，出现呕吐、呕血、速发皮疹、刺激性咳嗽、阵发性哭闹、腹泻、明显血便等，应该立即停止喂养该种食物，马上到医院治疗。当一种食物添加不成功时，家长可转向另一种食物，不应过度纠结于某一种食物。对于新增饮食有情绪的宝宝，家长可遵循微量诱导的原则。

辅食添加种类

建议从蔬菜和水果开始，过渡至低致敏性的无谷蛋白饮食，最后给予高蛋白类食物。宜上午进食新添加的辅食，便于监测进食后的反应。下午进食旧的辅食，不建议同时添加 2 种以上食物。蔬菜和水果中的过敏原可以通过煮熟等深加工进行灭活，膳食纤维素中的益生元是肠道微生物菌群的主要能量来源，强壮的肠道微生物菌群对建立口服免疫耐受有重要作用。

引入蛋白类食物

煮熟食物以降低致敏性，从少量开始逐渐增加。肉类的添加从猪肉、鸡肉等富铁食物开始，等宝宝产生口服免疫耐受后，再引入高致敏性食物，如鸡蛋、鱼、小麦、坚果等。

关注食物标签

家长要学会看食物标签，寻找隐藏的过敏原，特别注意食物、保健品及药品中隐藏的过敏性食物。标注乳糖也可能含少量乳蛋白，钙剂、益生菌等粉状药品、保健品也极有可能含牛奶蛋白。

坚持写饮食日记

家长坚持写饮食日记是防止宝宝过敏最直接、最有效的手段。从饮食日记中排除可能的过敏性食物，有助于缩短宝宝过敏反应病程，建立口服免疫耐受，促进生长发育。

宝宝护理

新生儿回家后的注意事项

宝宝应该怎么抱?

常见的抱新生儿的方法是将宝宝的头放在左臂弯里，用肘部护着宝宝的头，左腕和左手护住宝宝的背部和腰部，右小臂从宝宝身上伸过护着宝宝的腿部，右手托着宝宝的臀部和腰部。这时候妈妈的臂弯就是一个小枕头，护住宝宝背部的脊椎，双手交握时正好在小屁股上形成一个重要的支撑点。

宝宝出生后什么时候可以出院?

对于足月顺产的宝宝，出生后如果不需要特别治疗，一般出生后 3 ~ 4 天就可以出院了。对于足月剖宫产的宝宝，如果宝宝出生后情况良好，无异常和疾病发生，妈妈也恢复良好的话，宝宝就可以在出生后一周左右，随着妈妈一起出院。如果宝宝是早产儿、低体重儿或者出生后存在疾病的话就需要由医生根据宝宝的情况来判断出院时间。早产宝宝体重需要达到 2 千克以上，如果宝宝呼吸平稳，心率正常，体温正常，吸奶有力，奶量稳定就可以出院了，但患有疾病的宝宝要等到身体恢复，才可以出院。

预防感染和疾病发生

护理人员要勤洗手，接触宝宝前都要仔细洗手，接触任何有污染可能的物品后也要洗手。房间多通风，亲朋好友少探视，特别是不要让宝宝和病人接触。宝宝出生后应尽快接种乙肝疫苗和卡介苗。

衣物选择

新生儿的内衣应选择柔软且易吸水的棉织品，不要选化纤织品；衣服宽松，不妨碍肢体活动，易穿易脱；衣服的颜色宜浅淡，便于发现污物，也能避免染料对新生儿皮肤的刺激。

评估生长情况

评估宝宝体重增长情况。多数宝宝出生后第 1 周会有生理性体重下降，这是由于胎粪的排出、胎脂的吸收及丧失的水分较多，加上新生儿吸吮能力弱、吃奶量少，会出现暂时性的体重下降，一般宝宝下降的体重不超过出生体重的 10%，且在1周内会恢复到出生时的体重。恢复到出生体重以后，宝宝如果每周体重增加 180 ~ 200 克，就说明奶量足够，生长情况良好。

新生儿居家护理的注意事项

注意保暖

新生儿中枢体温调节功能不完善，皮下脂肪薄，如果不及时保暖容易出现低体温，如果环境温度过高又容易发生脱水，因此室温要适宜，室内温度应保持在 25 ~ 28 摄氏度，保持宝宝皮温在 36.5 摄氏度。适宜的室内湿度为 50% ~ 60%。室内温度昼夜温差不宜太大，夏天要适当降温，而冬天则需要保暖，但也要注意避免保暖过度导致的新生儿体温上升。同时也要注意多通风，保持空气的流通。

适宜的室内光线

室内光线不能太亮或太暗，太亮会损伤宝宝眼睛，应让宝宝在自然的室内光下适应光线的变化和昼夜的节律。

保持皮肤清洁

勤换尿布，宝宝大便后需要第一时间更换尿布，小便 2 ~ 3 小时内更换一次尿布，有条件的情况下每次更换尿布都要清洁尿布区。皮肤皱褶处要注意清洁，避免奶渍和汗液刺激皮肤。定期给宝宝洗澡，夏天出汗多可以每天洗澡或擦浴，冬天每周给宝宝洗澡 2 ~ 3 次。同时注意保持宝宝脐部干爽，每天进行 1 次肚脐消毒，直到脐带干燥脱落。

观察皮肤颜色

及时发现新生儿黄疸。出生后 3 天宝宝会出现新生儿黄疸，家长要注意观察宝宝皮肤颜色的变化，及时带宝宝到医院或社区门诊复查黄疸，出现病理性黄疸要尽早治疗。

宝宝的眼睛、鼻子和耳朵的护理

眼睛的护理

①保持眼部清洁，预防感染。家长要给宝宝准备用于洗脸的专属的毛巾和脸盆，并定期消毒。给宝宝洗脸之前，家长要将手洗干净，然后用一块干净的小毛巾的一面从靠近鼻子的内眼角向外眼角擦拭，擦完一只眼睛后更换毛巾另一面擦拭另一只眼睛。有些宝宝会有眼部分泌物，如果分泌物不多，平时只要注意清洁就好；如果眼部分泌物比较多，色黄，或者有眼部充血等异常情况，就需要带宝宝去医院就诊。有些宝宝会出现分泌物多，经常眼泪汪汪甚至流泪的情况，这种情况需要警惕泪囊炎，建议家长带宝宝去医院就诊。

②避免强光直射。宝宝在睡眠期间建议不要开灯，即使开灯也要开暗灯。户外活动时要避免太阳直射眼睛，以免对眼睛造成伤害。

鼻子的护理

宝宝鼻孔小，对环境敏感，容易打喷嚏，也容易出现鼻垢。鼻垢太大会堵塞鼻孔，影响宝宝呼吸道的通畅。因此很多爸爸妈妈喜欢帮宝宝抠鼻垢。但是宝宝的鼻部毛细血管丰富，比较敏感，如果使用硬物刺激鼻腔或者清理鼻腔太频繁可能会损伤宝宝娇嫩的鼻腔，引起鼻子出血。那应该怎么办呢？如果宝宝鼻垢不多，不影响呼吸，可以忽略不理。如果宝宝鼻垢较大较硬，家长可以滴一滴母乳或者凉开水到鼻孔，让鼻垢软化，这时宝宝打个喷嚏就可以把鼻垢喷出，或者家长只要轻轻捏捏宝宝鼻子就可以把鼻垢挤出来了。有些宝宝鼻子较为敏感，容易打喷嚏，家长要做好家里的卫生，定期打扫灰尘，经常晾晒被褥。此外要保持房间的湿度适宜，避免空气干燥。

耳朵的护理

①做好耳朵的清洁。家长应使用质地柔软的小毛巾对耳郭的外侧及内面进行擦拭，保持耳郭的清洁。

②避免宝宝耳道进水或流进奶液。洗澡的时候要注意用手托住宝宝的头，还要用拇指和中指把宝宝的耳郭轻轻反折一下盖住宝宝耳道，避免水进入耳道。如果宝宝发生吐奶，奶液流到耳朵里面，要及时用棉签擦干净。

③不要给宝宝掏耳屎。耳屎可以阻挡灰尘、虫子、异物进入耳道，可以阻挡外来的水深入耳朵，可以减弱声波的冲击，保护鼓膜，还可以黏住病菌，它是保护耳道的天然屏障。耳屎多了一般不需要处理，它会随着宝宝运动、吃饭和打哈欠自行脱落。如果发现宝宝老是挠抓耳朵，或者耳朵有液体流出，或者觉得宝宝听力下降，建议带宝宝到耳鼻喉科门诊就诊。

宝宝口腔的护理

对于还没有出牙的宝宝，很多家长会忽略他们的口腔护理，虽然宝宝还没有出牙，但是口腔的清洁是必要的。由于喝奶，宝宝口腔会残留一些奶渍，家长可以在每次喂奶后让宝宝饮用一些清水来冲洗口腔。如果觉得宝宝舌苔比较白厚，可以每天用干净的纱布轻轻地擦拭一下宝宝的口腔颊部和舌苔，但是要注意动作轻柔，不要擦伤宝宝的口腔黏膜。

口腔护理的注意事项

第一，如果发现宝宝口腔有一些白色的、类似奶块的膜状物，用饮用清水又冲不掉，而且宝宝烦躁，吃奶时哭闹，流涎，甚至有低热等症状，这有可能是被念珠菌感染而引发的鹅口疮。如果遇到这种情况，用力擦拭可能会加重宝宝黏膜损伤。建议及时去医院就诊，同时建议家长做好消毒。对于母乳喂养的宝宝，妈妈保持乳头的洁净很重要，每次哺乳前，妈妈要清洗双手，用热水擦拭乳头和乳晕。对于人工喂养的宝宝，奶瓶和奶嘴均要定期消毒，可以用专门消毒工具消毒或者用沸水煮 5 分钟。

第二，在很多新生宝宝的牙龈上，可见到米粒样黄白色突起，这是上皮细胞堆积或黏液腺肿胀所致，俗称马牙，一般马牙会自行消失，不建议家长去挑、去挤，因为这样会对宝宝造成一定的损伤，引起感染。

第三，要戒掉宝宝不良的习惯，如奶睡或含着安抚奶嘴睡觉。习惯边吃奶边睡觉的宝宝，出牙以后是比较容易长蛀牙的，长期含着安抚奶嘴睡觉也会影响后期牙齿的发育。因此建议家长不要让宝宝边吃奶边睡觉，正确的入睡方式是宝宝吃完奶，喝点水后，躺在床上安静地入睡，这也有助于宝宝良好的睡眠习惯的养成。对于需要安抚奶嘴才能入睡的宝宝，要在宝宝睡着后取出安抚奶嘴，不要让他一直含着。

宝宝肚脐与脐带的护理

脐带是连接宝宝和妈妈的纽带，在宝宝出生后，脐带被脐夹切断而形成脐带残端，脐带残端在宝宝出生后 1 ~ 2 周内会自然脱落。脱落以后脐带创面会慢慢干燥愈合，成为脐窝。脐带残端极容易引起细菌感染。感染较轻时会引起新生儿脐炎，严重时可能会危及生命。因此在脐带残端愈合成为脐窝的过程中，家长需要做好脐带的护理，预防脐部感染发生。

脐部护理的原则

①保持脐部干燥清洁。在宝宝脐带脱落前，要保持脐部干燥。沐浴后尽快用干燥的消毒后的棉签擦干肚脐根部，再进行消毒。每天至少要进行 1 次消毒。时间可以安排在洗澡之后。在给宝宝的肺部消毒以前，父母必须洗干净双手。可以使用医用棉签以及 75% 的医用酒精或者安尔碘消毒液进行消毒。如果宝宝的脐部分泌物较多，可以适当增加消毒次数。脐部消毒的正确方式为由脐窝中心点向外圈轻轻地擦（由内向外）。对于仍有脐夹的宝宝，脐夹也要消毒。消毒完成后，包上护脐带直至脐带掉落，也可用无菌方纱覆盖宝宝脐部，用医用纸纱布轻轻固定。

②避免摩擦。选择大小合适的纸尿裤，避免纸尿裤摩擦脐带，如果纸尿裤较长，遮盖住宝宝肚脐，建议将纸尿裤向下折一下，以免脐带受到大小便的污染。

在日常的脐带护理中家长会发现一些问题，不知所措，碰到这样的问题应该怎么办呢？

脐带出血：如果只是少量出血，脐带无红肿，可能是衣物或纸尿裤摩擦肚脐而引起的出血，只要注意避免摩擦，清洁血痂即可，如果出血量较多就须及时就诊。

肚脐红肿：脐部和脐周发红、肿胀，有脓性分泌物，并伴有臭味，这时需尽早就医。

新生儿肚脐潮湿，有分泌物：新生儿脐带残端脱落前以及刚刚脱落的时候都会稍有些潮湿或有少许分泌物，可用安尔碘消毒液擦拭，自然晾干，如果分泌物很多，又有臭味，则须及时就诊。

新生儿脐带不脱落：如果宝宝出生 2 周后，新生儿脐带残端仍没有掉落，要注意观察脐周是否有感染。如果没有红肿、化脓等症状，就无须担心，可继续等待其自然脱落，如果超过 1 个月都没有脱落，建议去外科就诊。

宝宝皮肤的护理

宝宝皮肤敏感，他们对于衣服的染料和化纤的材料、残留的洗衣粉都有可能过敏，小屁屁受到尿液和大便的刺激也会容易出疹，而且由于宝宝皮肤皱褶多，加上宝宝会吐奶，皱褶部位容易藏污纳垢，因此对于衣服的选择和洗涤，尿布的选择和更换，皮肤的清洁和护理都需要特别注意。

衣服的选择和洗涤

宝宝的衣服要选择颜色较浅的纯棉材质，不要选择化纤材质的衣服。洗涤的时候也要用婴儿专用的洗涤剂，而且要充分漂洗，尽量少残留洗涤剂。宝宝的衣服要和家里其他人的衣服分开洗涤。

尿布的选择和更换

给宝宝选择尿布时一定要选择柔软、吸水、透气性好的尿布。更换尿布的频率为每 2 ~ 3 个小时换 1 次，如果排了大便就要立即更换，每次宝宝大便后都要用清水清洗尿布区，否则长期的尿液、粪便刺激容易让宝宝长尿布疹。如果出现尿布疹，要注意保持宝宝外阴和臀部皮肤干燥、洁净，多将臀部暴露在空气中，每日清洗屁股后可以用氧化锌涂患处，如果用药 3 天后无改善或者仍有糜烂渗液建议去皮肤科就诊。

洗澡和润肤

对于宝宝洗澡的频率，建议夏天每天洗，冬天每周洗 2 ~ 3 次。如果地处南方，气温较高，宝宝出汗多，也可以增加洗澡的频率。如果是比较凉爽的天气，可以减少洗澡的次数。洗澡时尽量用清水洗，如果觉得污垢较多可以适当用一些沐浴液，但也无须每天用，每周使用 1 ~ 2 次即可。洗完澡也不建议用润肤油或爽身粉，因为润肤油的吸收效果和滋润效果不如润肤露。如果宝宝皮肤比较干燥，可以用一点润肤露，如果用完润肤露皮肤仍然比较干，可能是洗澡太频繁，建议减少洗澡频率。

早产儿的护理

关于早产儿

早产儿是指出生胎龄不足37周的婴儿，在我国，分娩的新生儿中有5%～15%是早产儿，早产儿的器官发育不成熟，他们的生长发育和足月的婴儿有所不同。促进早产宝宝的生长发育，让他们能尽可能发挥生长潜能，健康生长，是每个早产儿家庭的愿望。

如何促进早产宝宝体格发育？

促进早产儿的体格发育要从以下几个方面进行。

第一，保证营养。因为足够的营养是生长发育的基础，早产宝宝建议首选母乳喂养，然后根据营养风险程度考虑是否添加母乳强化剂。

第二，保证睡眠充足。充足的睡眠是儿童恢复体力和大脑发育的基础。有研究表明，睡眠越充足的宝宝，大脑发育得越好。因此保证充足的、高质量的睡眠对早产儿发育尤为重要。推荐1～3月龄的宝宝睡眠时间保持在14～17个小时，新生儿则需要更长的时间。

第三，加强运动。运动能促进宝宝粗大运动发育和体格发育，增强免疫力，3月龄以下的宝宝主动运动有限，主要是练习抬头、竖头等。因此，家长还需要让宝宝多做一些被动运动，比如做婴儿被动操。这些主动和被动的运动可以在宝宝喂奶前、睡前、起床后等时间，在宝宝精神状态愉快时进行。

第四，注意卫生，预防疾病。疾病会严重影响儿童的体格发育，所以要注意预防早产儿疾病的发生，按时接种疫苗，平时做好卫生和居室环境的清洁，房间多开窗通风保持空气的流通。少去人群密集的场所，尽量不要和疾病人群接触，如果生病要及时就诊。

第五，定期监测早产儿的生长发育情况。早产儿在1岁前要每个月进行保健，测量身高和体重，如果发现生长发育不良要及时就诊，查找原因及时干预。

对于低危早产儿（胎龄 >34 周，出生体重 >2000 克，无胎儿生长发育受限、生长迟缓和并发症的早产儿），可以添加母乳强化剂到矫正胎龄满40周。

对于中危早产儿（胎龄在32～34周之间，出生体重在1500～2000克之间，无胎儿生长发育受限、生长迟缓和并发症的早产儿），可以添加母乳强化剂到矫正胎龄满3个月。

对于高危早产儿（胎龄 <32 周，出生体重 <1500 克，有宫内生长受限和宫外生长迟缓以及并发症的早产儿），需要添加母乳强化剂到矫正胎龄满6个月，对于需要人工喂养的宝宝，家长可以查看前文“营养与喂养”部分内容。

如何给早产儿保暖？

早产儿器官系统发育不成熟，体温调节功能比较差，容易受外界温度的影响，从而导致硬肿症，所以早产儿的保暖非常重要。那么，如何给早产儿保暖？

首先，保持室温适宜。早产儿所处的房间室内温度应维持在 22 ~ 26 摄氏度，光照要充足。当室内温度不足的时候，应使用空调或电暖气进行温度调节，但是开了空调或者电暖气后要注意空气湿度的调节，保持室内湿度在 50% ~ 60%。

其次，注意穿适当的衣服。让早产儿穿着足够的保暖衣物非常重要。3 月龄以下的宝宝，可以穿连体衣，保暖性比较好，同时要注意戴帽子和穿袜子。帽子可以避免头部热量散失太快，小婴儿末梢循环差，穿袜子可以让足部更暖和。当然，在注意保暖的同时也要注意不要穿得太厚，有些家长给宝宝裹得太厚，以至于宝宝满头大汗，这样很容易导致体温上升，甚至发生脱水，家长要时不时摸一摸宝宝的后背和手脚，看一下是否有汗，手脚是否暖和，如果有汗就说明穿得太多了，如果手脚冰冷就说明还需要保暖。

再次，给早产儿洗澡时要注意水温和室温适宜。给早产儿洗澡时，水温保持在 39 ~ 41 摄氏度，室温保持在 26 ~ 28 摄氏度；洗澡动作要迅速（沐浴时间 < 10 分钟）、轻柔，沐浴后及时擦干和注意包裹，迅速更换尿布，以防着凉。

最后，必须保证早产儿奶量充足。只有摄入充足的能量才能满足早产儿基础代谢、生长发育、活动、食物消化吸收等的需要，维持体温恒定，所以家长一定要给早产儿按需哺乳，保证早产儿奶量充足。

为什么要进行早产儿视网膜病变筛查？

我国早产儿视网膜病变（ROP）的发病率有上升趋势。早产儿视网膜病变是主要见于早产、低出生体重儿的一种以视网膜血管异常增殖为特点的眼底疾病，可以导致视网膜血管迂曲扩张、视网膜外纤维增殖、新生血管膜形成、视网膜出血或玻璃体出血和视网膜脱落。

早产儿视网膜病变发病率高，在早产儿中发病率达 15% ~ 30%。盲童中有 1/3 为该病致盲。为什么早产儿容易出现视网膜病变？是因为人眼视网膜血管的发育是随着胎龄的增加而逐渐成熟的。正常情况下，在妊娠 15 ~ 16 周（3 ~ 4 个月）时为适应视网膜代谢的需要，宝宝的视网膜血管系统开始由中心向周边发育，24 ~ 28 周时（6 ~ 7 个月）血管发育迅速，至 36 周时（9 个月）鼻侧血管已发育到位，40 周（10 个月）出生时全部血管发育完成。而早产宝宝在出生时视网膜尚未发育成熟，再加上早产宝宝由于肺组织功能不健全，往往需要进行氧疗，氧疗会增加视网膜病变的发生概率，因此，早产、低出生体重儿容易发生视网膜病变。

早产儿视网膜病变对视力危害极大，该病多累及双眼，轻者自然退化，重者可致盲，目前在世界范围内该疾病已成为婴幼儿失明的主要病因，占儿童致盲原因的 6% ~ 18%。目前该疾病已经位居我国新生儿致盲疾病的首位，给家庭和社会造成沉重的负担。

早产儿视网膜病变的产生原因是多方面的，与早产、视网膜血管发育不成熟有关，出生孕周和体重愈小，发生率愈高。早产儿长时间用氧治疗也是致病的常见危险因素。

早产儿视网膜病变是一种可防治的疾病，治疗期间合理用氧可显著降低早产儿视网膜病变的发生。此外，及时的筛查和治疗对预防早产儿视网膜病变致盲至关重要。早产宝宝视网膜病变在发病初期从外观上很难辨认，需要专科医生用专用的设备才能检查出来，如果没有及时发现和及时干预，就会错过治疗时机。

对于处于生长快速发展期的宝宝来说，身长（身高）、体重、头围是宝宝生长发育的重要指标。测量这些指标的方法简单，在家也可以操作，家长们在家里就可以监测宝宝的发育，让我们一起来了解正确的测量方法吧！

身长（身高）监测

在家如何给宝宝测身长（身高）？

身长（身高）居家测量：身长（身高）可反映宝宝生长中长期的营养吸收情况。2 岁以内（含 2 岁）的宝宝可以躺着量，测量出来的长度我们通常称身长；2 岁以上的宝宝可以站着量，测量出来的长度我们通常称身高。

测量工具

首先准备好工具，在家测量的工具包括刻度尺、书本或木板。

温馨提示

A. 建议宝宝身长（身高）、体重、头围的测量均重复测量 2 次，取平均值。

B. 宝宝身长（身高）受体重、体力活动、昼夜等因素影响。每次测量应固定测量时间，并由固定的家长操作。

C. 建议 1 岁以下宝宝每月测量 1 次身长（身高）、体重、头围，其中新生儿期间可以增加体重测量次数，每周测量 1 次；1 ~ 3 岁每季度测量 1 次；3 岁以上每半年测量 1 次。

如何测量宝宝的身长？

A. 让宝宝仰卧平躺在床上，身体与床边平行。

B. 一位家长将宝宝的头抵在床头板或墙上，左手轻轻按着宝宝的额头以固定头部，右手将宝宝的两条腿合拢，轻轻按压宝宝的膝盖，使膝盖后窝紧贴床板，双腿平放于床上。

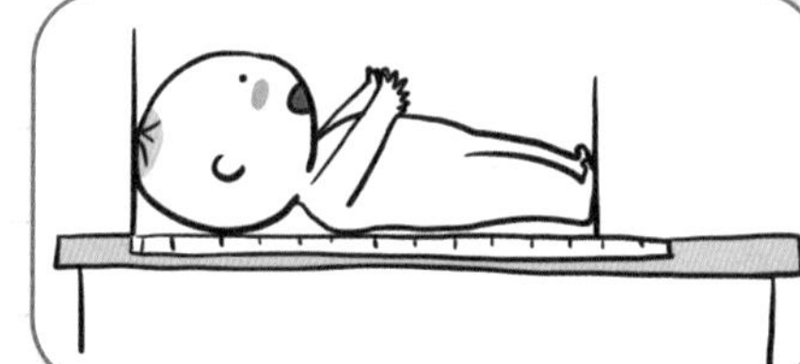

C. 另一位家长用书本或木板紧贴宝宝脚底并记录位置。床头板 / 墙与书本 / 木板之间的直线距离，即为宝宝的身长。

如何测量宝宝的身高？

A. 在家选择一面空间较大的墙，宝宝脱去鞋、摘下帽（女孩要松绑头发）后背对墙面站立，双手自然下垂，脚后跟靠拢，脚尖分开约 60 度。

B. 脚后跟、臀部和肩胛骨紧靠墙面，身体自然挺直，双眼平视前方。

C. 家长用书本或木板的直角沿墙滑下至宝宝头顶，并记录书本或木板最低点位置。地面与记录点的直线距离，即为宝宝的身高。

读懂宝宝的身长曲线

身长（身高）代表宝宝头部、脊柱和下肢长度的总和。身长（身高）是反映宝宝长期营养状况和骨骼发育的重要指标，是评价宝宝生长发育的重要指标之一。宝宝身长（身高）增长有一定规律，出生后第一年是孩子身长增长的第一个高峰期，是身长增长速度最快的一年。第一年平均长 20 ~ 25 厘米，第二、第三年平均长 8 ~ 10 厘米，1 岁时平均身长（身高）为 75 厘米，2 岁时为 85 厘米，3 岁时为 90 厘米。3 岁以后到青春期前，孩子身高的增长速度放缓，每年大概增长 5 ~ 7 厘米。青春期发育开始，这个阶段是孩子身高增长的第二个高峰期，女孩将长高 15 ~ 25 厘米，男孩将长高 20 ~ 30 厘米。青春期结束后，孩子骨骺将闭合，身高定格无法再增长，因此孩子的身高是有生长期的，过了生长期就基本不再长不高了。

监测宝宝的身长（身高）发育很重要，使用生长发育图进行监测是最为简单、方便的方法

宝宝的身长发育参照标准通常依据 WHO（世界卫生组织）推荐的生长发育曲线图（见图 1-1 和图 1-2），图中有 5 条曲线，表示假设标准人群中身长从低到高排列的 100 人，其对应的在第 97、第 85、第 50、第 15、第 3 排位的所在的数值点连成曲线。通常将身长在第 97、第 3 排位之间视为身长在正常范围。

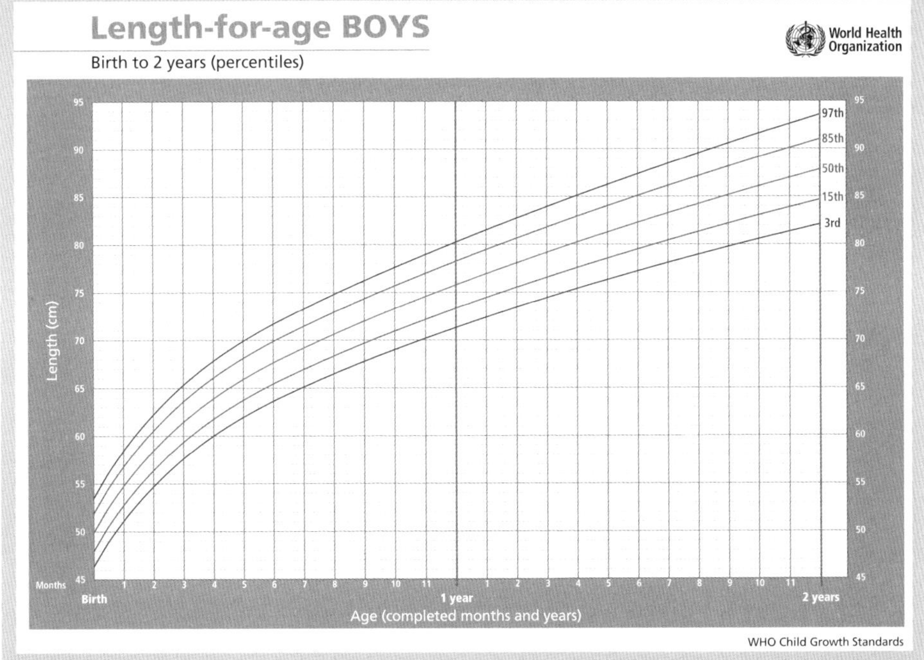

图 1-1　2 岁及以下男童身长标准曲线

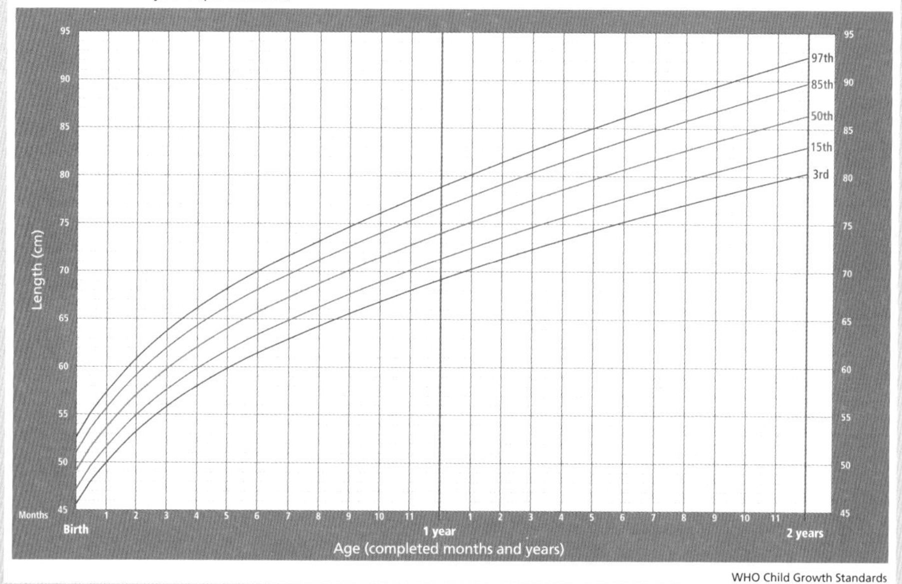

图 1-2　2 岁及以下女童身长标准曲线

测量好宝宝身长后，可以在 WHO 推荐的生长发育曲线对应的年龄处标记宝宝的身长。如果身长的标记点刚好落在第 50 百分位标准值曲线上，表示该宝宝的身长在 100 个人中排第 50，处于平均值的水平；若宝宝的身长在第 97 百分位标准值曲线和第 3 百分位标准值曲线之间（两条红色曲线之间），表示身长在正常范围；若在第 85 百分位标准值曲线和第 15 百分位标准值曲线之间（两条橙色曲线之间），身长为人群中等水平；若在第 15 百分位标准值曲线和第 3 百分位标准值曲线之间，身长为人群中下水平；若在第 85 百分位标准值曲线和第 97 百分位标准值两曲线之间，身长为人群中上水平；若在第 3 百分位标准值曲线之下，身长为人群下等水平；若在第 97 百分位标准值曲线之上，则身长为人群上等水平。

单靠一次测量评价宝宝的身长发育会比较片面，宝宝的增长趋势更为重要。家长可以通过每月或每季度测量判断宝宝的身长增长趋势，将各身长标记点连接成线，即可获得宝宝的身长发育曲线（以男童身长发育图为例，见图 1-3），与参照曲线（WHO 推荐的生长发育曲线图）进行对比，可以了解宝宝的增长趋势。

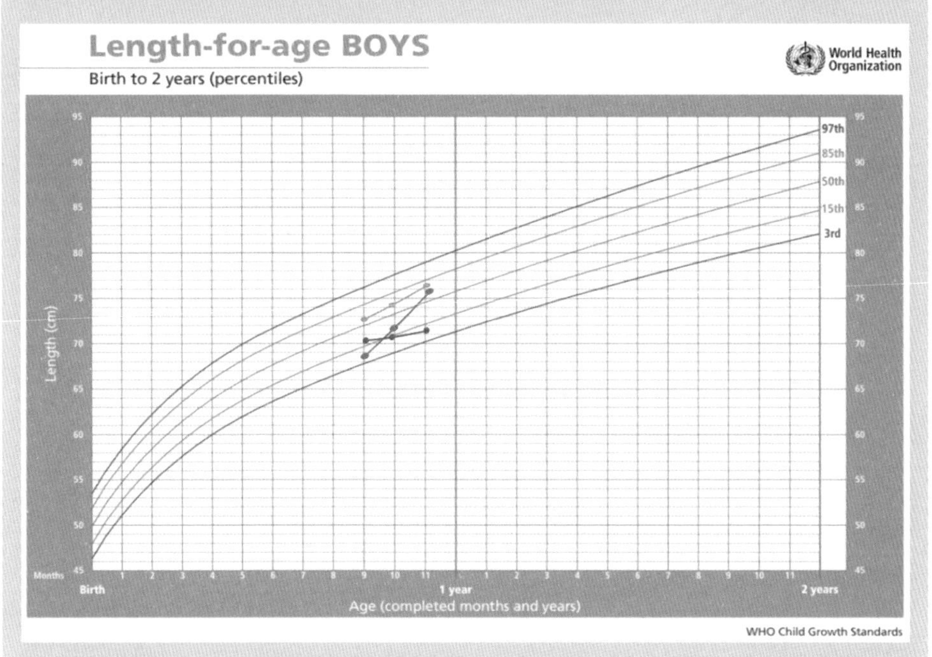

图 1-3　与 WHO 身长标准曲线进行对比（男童）

正常增长：与参照曲线相比，儿童的自身身长发育曲线平行上升，如图中 1-3 中的绿色短线段。

增长不良：与参照曲线相比，儿童的自身身长发育曲线上升缓慢（增长不足）、持平（不增）或下降（增长值为负数），如图中 1-3 中的红色短线段。

增长加速：与参照曲线相比，儿童的自身身长发育曲线上升迅速（增长值超过参照速度标准），如图中 1-3 中的棕色短线段。

早产儿体格生长的评价

妈妈妊娠期不足37周就提前出生的宝宝叫早产儿。早产儿的生长发育监测指标跟足月儿一样，常用的是身长（高）、体重、头围，测量方法和足月儿的测量方法是一样的，评价方法也是一样的，但是因为早产宝宝提前出生了，实际年龄比足月宝宝年龄小，因此我们应该用矫正年龄标准来进行评价。

早产宝宝的矫正年龄
=
矫正月龄
=
出生后月龄－(40－出生时孕周)/4

♀小美小妹妹
32周出生，身长58.2厘米，体重5.2千克，头围38.5厘米。现在已经出生4个月。

首先我们计算下小美的矫正年龄，小美比预产期提前8周（即2个月）出生，现在已经出生4个月，那么小美的矫正月龄=4-（40-32）/4=2（个月）。

我们应选择图1-4、图1-5、图1-6中2月龄的女童的身长、体重、头围标准，而不是用4月龄的标准进行比较。我们从下图标记红框的区域可以看出，小美的身长、体重、头围测量值在第50百分位标准值～第75百分位标准值之间，也就是说小美的体格发育水平，处于第50～第75名之间，属于中等水平。

Length-for-age GIRLS

Birth to 2 years (percentiles)

						Percentiles (length in cm)										
Year: Month	Month	L	M	S	SD	1st	3rd	5th	15th	25th	50th	75th	85th	95th	97th	99th
0: 0	0	1	49.1477	0.03790	1.8627	44.8	45.6	46.1	47.2	47.9	49.1	50.4	51.1	52.2	52.7	53.5
0: 1	1	1	53.6872	0.03640	1.9542	49.1	50.0	50.5	51.7	52.4	53.7	55.0	55.7	56.9	57.4	58.2
0: 2	2	1	57.0673	0.03568	2.0362	52.3	53.2	53.7	55.0	55.7	57.1	58.4	59.2	60.4	60.9	61.8
0: 3	3	1	59.8029	0.03520	2.1051	54.9	55.8	56.3	57.6	58.4	59.8	61.2	62.0	63.3	63.8	64.7
0: 4	4	1	62.0899	0.03486	2.1645	57.1	58.0	58.5	59.8	60.6	62.1	63.5	64.3	65.7	66.2	67.1
0: 5	5	1	64.0301	0.03463	2.2174	58.9	59.9	60.4	61.7	62.5	64.0	65.5	66.3	67.7	68.2	69.2
0: 6	6	1	65.7311	0.03448	2.2664	60.5	61.5	62.0	63.4	64.2	65.7	67.3	68.1	69.5	70.0	71.0
0: 7	7	1	67.2873	0.03441	2.3154	61.9	62.9	63.5	64.9	65.7	67.3	68.8	69.7	71.1	71.6	72.7
0: 8	8	1	68.7498	0.03440	2.3650	63.2	64.3	64.9	66.3	67.2	68.7	70.3	71.2	72.6	73.2	74.3
0: 9	9	1	70.1435	0.03444	2.4157	64.5	65.6	66.2	67.6	68.5	70.1	71.8	72.6	74.1	74.7	75.8
0:10	10	1	71.4818	0.03452	2.4676	65.7	66.8	67.4	68.9	69.8	71.5	73.1	74.0	75.5	76.1	77.2
0:11	11	1	72.7710	0.03464	2.5208	66.9	68.0	68.6	70.2	71.1	72.8	74.5	75.4	76.9	77.5	78.6
1: 0	12	1	74.0150	0.03479	2.5750	68.0	69.2	69.8	71.3	72.3	74.0	75.8	76.7	78.3	78.9	80.0
1: 1	13	1	75.2176	0.03496	2.6296	69.1	70.3	70.9	72.5	73.4	75.2	77.0	77.9	79.5	80.2	81.3
1: 2	14	1	76.3817	0.03514	2.6841	70.1	71.3	72.0	73.6	74.6	76.4	78.2	79.2	80.8	81.4	82.6
1: 3	15	1	77.5099	0.03534	2.7392	71.1	72.4	73.0	74.7	75.7	77.5	79.4	80.3	82.0	82.7	83.9
1: 4	16	1	78.6055	0.03555	2.7944	72.1	73.3	74.0	75.7	76.7	78.6	80.5	81.5	83.2	83.9	85.1
1: 5	17	1	79.6710	0.03576	2.8490	73.0	74.3	75.0	76.7	77.7	79.7	81.6	82.6	84.4	85.0	86.3
1: 6	18	1	80.7079	0.03598	2.9039	74.0	75.2	75.9	77.7	78.7	80.7	82.7	83.7	85.5	86.2	87.5
1: 7	19	1	81.7182	0.03620	2.9582	74.8	76.2	76.9	78.7	79.7	81.7	83.7	84.8	86.6	87.3	88.6
1: 8	20	1	82.7036	0.03643	3.0129	75.7	77.0	77.7	79.6	80.7	82.7	84.7	85.8	87.7	88.4	89.7
1: 9	21	1	83.6654	0.03666	3.0672	76.5	77.9	78.6	80.5	81.6	83.7	85.7	86.8	88.7	89.4	90.8
1:10	22	1	84.6040	0.03688	3.1202	77.3	78.7	79.5	81.4	82.5	84.6	86.7	87.8	89.7	90.5	91.9
1:11	23	1	85.5202	0.03711	3.1737	78.1	79.6	80.3	82.2	83.4	85.5	87.7	88.8	90.7	91.5	92.9
2: 0	24	1	86.4153	0.03734	3.2267	78.9	80.3	81.1	83.1	84.2	86.4	88.6	89.8	91.7	92.5	93.9

WHO Child Growth Standards

图1-4　WHO幼儿身长标准（女童）

Weight-for-age GIRLS

Birth to 5 years (percentiles)

Year: Month	Month	L	M	S	Percentiles (weight in kg)										
					1st	3rd	5th	15th	25th	50th	75th	85th	95th	97th	99th
0: 0	0	0.3809	3.2322	0.14171	2.3	2.4	2.5	2.8	2.9	3.2	3.6	3.7	4.0	4.2	4.4
0: 1	1	0.1714	4.1873	0.13724	3.0	3.2	3.3	3.6	3.8	4.2	4.6	4.8	5.2	5.4	5.7
0: 2	2	0.0962	5.1282	0.13000	3.8	4.0	4.1	4.5	4.7	5.1	5.6	5.9	6.3	6.5	6.9
0: 3	3	0.0402	5.8458	0.12619	4.4	4.6	4.7	5.1	5.4	5.8	6.4	6.7	7.2	7.4	7.8
0: 4	4	-0.0050	6.4237	0.12402	4.8	5.1	5.2	5.6	5.9	6.4	7.0	7.3	7.9	8.1	8.6
0: 5	5	-0.0430	6.8985	0.12274	5.2	5.5	5.6	6.1	6.4	6.9	7.5	7.8	8.4	8.7	9.2
0: 6	6	-0.0756	7.2970	0.12204	5.5	5.8	6.0	6.4	6.7	7.3	7.9	8.3	8.9	9.2	9.7
0: 7	7	-0.1039	7.6422	0.12178	5.8	6.1	6.3	6.7	7.0	7.6	8.3	8.7	9.4	9.6	10.2
0: 8	8	-0.1288	7.9487	0.12181	6.0	6.3	6.5	7.0	7.3	7.9	8.6	9.0	9.7	10.0	10.6
0: 9	9	-0.1507	8.2254	0.12199	6.2	6.6	6.8	7.3	7.6	8.2	8.9	9.3	10.1	10.4	11.0
0:10	10	-0.1700	8.4800	0.12223	6.4	6.8	7.0	7.5	7.8	8.5	9.2	9.6	10.4	10.7	11.3
0:11	11	-0.1872	8.7192	0.12247	6.6	7.0	7.2	7.7	8.0	8.7	9.5	9.9	10.7	11.0	11.7
1: 0	12	-0.2024	8.9481	0.12268	6.8	7.1	7.3	7.9	8.2	8.9	9.7	10.2	11.0	11.3	12.0
1: 1	13	-0.2158	9.1699	0.12283	6.9	7.3	7.5	8.1	8.4	9.2	10.0	10.4	11.3	11.6	12.3
1: 2	14	-0.2278	9.3870	0.12294	7.1	7.5	7.7	8.3	8.6	9.4	10.2	10.7	11.5	11.9	12.6
1: 3	15	-0.2384	9.6008	0.12299	7.3	7.7	7.9	8.5	8.8	9.6	10.4	10.9	11.8	12.2	12.9
1: 4	16	-0.2478	9.8124	0.12303	7.4	7.8	8.1	8.7	9.0	9.8	10.7	11.2	12.1	12.5	13.2
1: 5	17	-0.2562	10.0226	0.12306	7.6	8.0	8.2	8.8	9.2	10.0	10.9	11.4	12.3	12.7	13.5
1: 6	18	-0.2637	10.2315	0.12309	7.8	8.2	8.4	9.0	9.4	10.2	11.1	11.6	12.6	13.0	13.8
1: 7	19	-0.2703	10.4393	0.12315	7.9	8.3	8.6	9.2	9.6	10.4	11.4	11.9	12.9	13.3	14.1
1: 8	20	-0.2762	10.6464	0.12323	8.1	8.5	8.7	9.4	9.8	10.6	11.6	12.1	13.1	13.5	14.4
1: 9	21	-0.2815	10.8534	0.12335	8.2	8.7	8.9	9.6	10.0	10.9	11.8	12.4	13.4	13.8	14.6
1:10	22	-0.2862	11.0608	0.12350	8.4	8.8	9.1	9.8	10.2	11.1	12.0	12.6	13.6	14.1	14.9
1:11	23	-0.2903	11.2688	0.12369	8.5	9.0	9.2	9.9	10.4	11.3	12.3	12.8	13.9	14.3	15.2
2: 0	24	-0.2941	11.4775	0.12390	8.7	9.2	9.4	10.1	10.6	11.5	12.5	13.1	14.2	14.6	15.5

WHO Child Growth Standards

图 1–5 WHO 幼儿体重标准（女童）

Head circumference-for-age GIRLS

Birth to 5 years (percentiles)

Year: Month	Month	L	M	S	SD	Percentiles (head circumference in cm)										
						1st	3rd	5th	15th	25th	50th	75th	85th	95th	97th	99th
0: 0	0	1	33.8787	0.03496	1.1844	31.1	31.7	31.9	32.7	33.1	33.9	34.7	35.1	35.8	36.1	36.6
0: 1	1	1	36.5463	0.03210	1.1731	33.8	34.3	34.6	35.3	35.8	36.5	37.3	37.8	38.5	38.8	39.3
0: 2	2	1	38.2521	0.03168	1.2118	35.4	36.0	36.3	37.0	37.4	38.3	39.1	39.5	40.2	40.5	41.1
0: 3	3	1	39.5328	0.03140	1.2413	36.6	37.2	37.5	38.2	38.7	39.5	40.4	40.8	41.6	41.9	42.4
0: 4	4	1	40.5817	0.03119	1.2657	37.6	38.2	38.5	39.3	39.7	40.6	41.4	41.9	42.7	43.0	43.5
0: 5	5	1	41.4590	0.03102	1.2861	38.5	39.0	39.3	40.1	40.6	41.5	42.3	42.8	43.6	43.9	44.5
0: 6	6	1	42.1995	0.03087	1.3027	39.2	39.7	40.1	40.8	41.3	42.2	43.1	43.5	44.3	44.6	45.2
0: 7	7	1	42.8290	0.03075	1.3170	39.8	40.4	40.7	41.5	41.9	42.8	43.7	44.2	45.0	45.3	45.9
0: 8	8	1	43.3671	0.03063	1.3283	40.3	40.9	41.2	42.0	42.5	43.4	44.3	44.7	45.6	45.9	46.5
0: 9	9	1	43.8300	0.03053	1.3381	40.7	41.3	41.6	42.4	42.9	43.8	44.7	45.2	46.0	46.3	46.9
0:10	10	1	44.2319	0.03044	1.3464	41.1	41.7	42.0	42.8	43.3	44.2	45.1	45.6	46.4	46.8	47.4
0:11	11	1	44.5844	0.03035	1.3531	41.4	42.0	42.4	43.2	43.7	44.6	45.5	46.0	46.8	47.1	47.7
1: 0	12	1	44.8965	0.03027	1.3590	41.7	42.3	42.7	43.5	44.0	44.9	45.8	46.3	47.1	47.5	48.1
1: 1	13	1	45.1752	0.03019	1.3638	42.0	42.6	42.9	43.8	44.3	45.2	46.1	46.6	47.4	47.7	48.3
1: 2	14	1	45.4265	0.03012	1.3683	42.2	42.9	43.2	44.0	44.5	45.4	46.3	46.8	47.7	48.0	48.6
1: 3	15	1	45.6551	0.03006	1.3724	42.5	43.1	43.4	44.2	44.7	45.7	46.6	47.1	47.9	48.2	48.8
1: 4	16	1	45.8650	0.02999	1.3755	42.7	43.3	43.6	44.4	44.9	45.9	46.8	47.3	48.1	48.5	49.1
1: 5	17	1	46.0598	0.02993	1.3786	42.9	43.5	43.8	44.6	45.1	46.1	47.0	47.5	48.3	48.7	49.3
1: 6	18	1	46.2424	0.02987	1.3813	43.0	43.6	44.0	44.8	45.3	46.2	47.2	47.7	48.5	48.8	49.5
1: 7	19	1	46.4152	0.02982	1.3841	43.2	43.8	44.1	45.0	45.5	46.4	47.3	47.8	48.7	49.0	49.6
1: 8	20	1	46.5801	0.02977	1.3867	43.4	44.0	44.3	45.1	45.6	46.6	47.5	48.0	48.9	49.2	49.8
1: 9	21	1	46.7384	0.02972	1.3891	43.5	44.1	44.5	45.3	45.8	46.7	47.7	48.2	49.0	49.4	50.0
1:10	22	1	46.8913	0.02967	1.3913	43.7	44.3	44.6	45.4	46.0	46.9	47.8	48.3	49.2	49.5	50.1
1:11	23	1	47.0391	0.02962	1.3933	43.8	44.4	44.7	45.6	46.1	47.0	48.0	48.5	49.3	49.7	50.3
2: 0	24	1	47.1822	0.02957	1.3952	43.9	44.6	44.9	45.7	46.2	47.2	48.1	48.6	49.5	49.8	50.4

WHO Child Growth Standards

图 1–6 WHO 幼儿头围标准（女童）

如果用 WHO 推荐的生长发育曲线进行评价，就是除了按实际月龄标记宝宝的生长曲线外，还要用矫正月龄标记宝宝的矫正胎龄生长曲线，比如我们测量 3 次小美的连续身长，4 个月时是 58.2 厘米，5 个月时是 60.5 厘米，6 个月时是 63.1 厘米，曲线描绘如图 1-7 所示，实线是小美实际年龄的增长曲线，虚线是小美矫正年龄增长曲线。我们通常用虚线进行生长发育评价，评价的要点跟前面的足月儿评价方法是一致的，我们可以看出小美的身长曲线在第 50 百分位标准值曲线和第 85 百分位标准值曲线之间，与标准曲线相比较，小美的身长曲线呈现上升趋势，说明身长在 “追赶生长”，身长发育总体比较理想。

Length-for-age GIRLS

Birth to 2 years (percentiles)

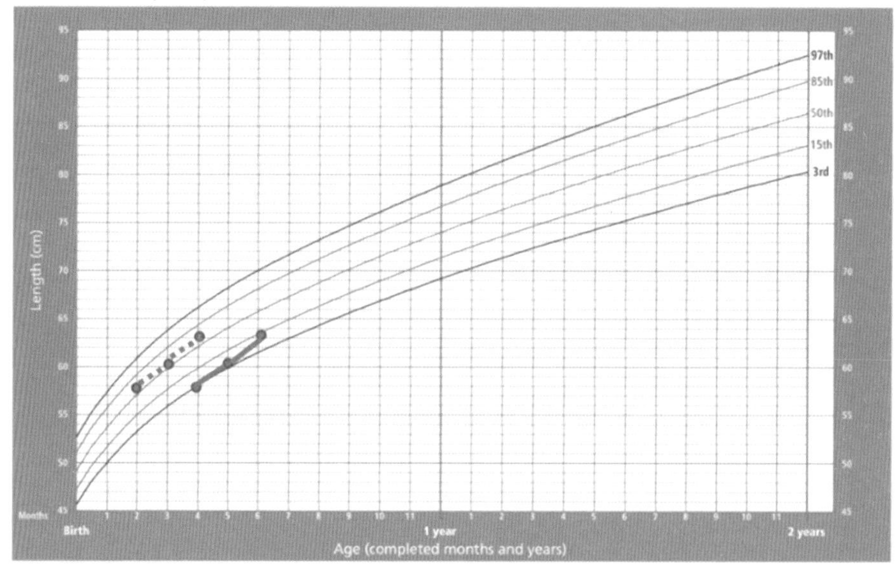

图 1-7　与 WHO 身长标准曲线进行对比（女童）

一般来说，早产儿出生后体格增长会出现“追赶生长”的情况，一般早产儿在 2 岁左右可以追赶上足月宝宝的标准，所以用矫正年龄来评价早产宝宝，最迟只能用到 2 岁。对于在胎龄 32 周前出生的儿童，2 岁以后就不用矫正年龄对身高、体重、头围进行评价了；对于在胎龄 32 ~ 36 周出生的儿童，一般矫正到 12 月龄，12 月龄后就按实际月龄标准进行评价。

适合 0~3 月龄宝宝的运动

研究发现，运动、饮食、睡眠可与体内结构基因形成一个完整的表观遗传修饰，调控外部环境，直接参与和影响生命早期发育的重要编程，也就是说，运动、饮食、睡眠影响宝宝遗传潜能的发挥。前面我们已经谈到了饮食和睡眠，下面我们谈谈宝宝的运动。

0 ~ 3 月龄的宝宝最重要的是提高动作发育的头部控制能力，因此宝宝运动主要是锻炼宝宝的颈部力量。

新生宝宝

对于新生宝宝，可以给宝宝提供四肢自由活动的机会，宝宝能够踢腿、移动并发现自己的手和脚，帮助宝宝用手去触摸家长的脸；用毛线、红布做成颜色鲜艳的红球，在宝宝面前缓慢移动，让宝宝看，帮助宝宝触摸玩具。

满月后宝宝

宝宝满月后，在宝宝旁边悬挂一些颜色鲜艳的玩具或物品，鼓励宝宝去看；轻轻摇动发出悦耳声音的玩具，鼓励宝宝寻找声音；为了更好地锻炼宝宝的颈部力量，在喂奶后 1 小时宝宝清醒的状态下，让宝宝多练习俯卧、抬头。让宝宝握持带铃铛的圆环、棉布做的小玩具，把着宝宝的手学习触摸、够取，击打铃铛、气球。

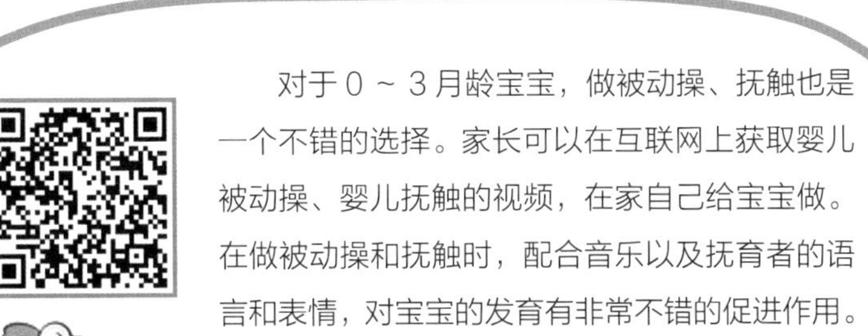

对于 0 ~ 3 月龄宝宝，做被动操、抚触也是一个不错的选择。家长可以在互联网上获取婴儿被动操、婴儿抚触的视频，在家自己给宝宝做。在做被动操和抚触时，配合音乐以及抚育者的语言和表情，对宝宝的发育有非常不错的促进作用。

如何防止宝宝长成“矮个子”？

身高是反映儿童生长发育水平的重要指标，身高发育有一定的关键期，要定期监测，如果不及时发现问题进行检查诊断和干预，错过了身高增长期，就可能导致孩子成年期身材矮小。了解身高的发育规律和影响因素，可以充分发挥宝宝身高遗传潜能，预防孩子成年期身材矮小。

宝宝出生后身长（身高）有3个增长期，即婴儿期、儿童期和青春期，每个时期有不同的增长特点。男孩与女孩的增长期相似，但增长的时机和速度不同，尤其是在青春期差别最大。

★ 婴儿期 ★

宝宝出生后2年内（婴儿期），身长增长速度最初非常快，随后逐渐减慢。这一时期身长共增加30 ~ 35厘米。早产儿的身长（和体重）必须按矫正胎龄计算，至少在出生后第1年应如此。

★ 儿童期 ★

儿童期的特点是身高增长速度相对恒定，而在儿童晚期略有减慢。大多数儿童的身高增长速度如表1-5所示。

表1-5　儿童期身高增长速度

年龄段	增长速度
2 ~ 4岁	5.5 ~ 9厘米 / 年
5 ~ 6岁	5 ~ 8.5厘米 / 年
7岁至青春期	男孩：4 ~ 6厘米 / 年
	女孩：4.5 ~ 6.5厘米 / 年

★ 青春期 ★

由于逐渐增加的性腺激素和生长激素的协同作用，青春期的孩子会出现8 ~ 14厘米 / 年的生长突增。女孩的青春期生长突增通常约从10岁开始，但早熟者可能在8岁就进入青春期。男孩的青春期生长突增通常约从12岁开始，但早熟者可能在10岁就进入青春期。

遗传决定身高遗传潜能（靶身高），后天养育影响身高潜能发挥。

宝宝的身高受各种因素影响，遗传因素是影响宝宝身高的主要因素，父母双方的基因决定了宝宝生长发育的轨迹或者潜力。我们可以看到高个子的父母其宝宝通常比矮个子父母所生的宝宝高。

我们可以用父母的身高简单预测孩子成年的身高（靶身高）：

女孩的靶身高（厘米）
=（父亲身高 + 母亲身高 − 13）÷2±8.5

男孩的靶身高（厘米）
=（父亲身高 + 母亲身高 +13）÷2±8.5

成年身高由遗传潜能和许多影响躯体生长及生物学成熟的其他因素共同决定。没有哪种方法能准确预测孩子成年身高，且不同方法预测的成年身高存在较大差异。这个方法比较简单，但我们也可以看出其误差值在 ±8.5 厘米范围内，还是很大的，这也说明后天因素对身高遗传潜能发挥的影响差异也是很大的。

对于多数人群，男性的预测成年身高低于 160 厘米、女性的预测成年身高低于 150 厘米，则视为身材矮小，通过估算可以初步估计遗传对宝宝成年后身高的影响。

宝宝的身高发育由遗传和后天因素共同作用，后天因素会影响遗传潜能的发挥。高个子父母的孩子如果不注意，后天养育不好，孩子也可能长得不高。但矮个子的父母的身高如果是后天因素导致的通常不会遗传，我们会发现有些个子矮的父母也会有高个子的孩子。既然遗传因素无法改变，那就从后天养育着手，促进孩子的身高发育。

营养是影响身高发育的后天因素，儿童处于生长发育关键期，需要适量的热量、蛋白质、各种维生素、矿物质及微量元素，任何一种营养素过多或不足都可能影响骨骼的生长，影响身高的发育。

营养是把双刃剑，并不是营养补得越多越好，就像植物的养料不能施得过多一样。长期营养过剩会增加宝宝患成人代谢综合征的风险，并容易提前启动青春期发育，营养过剩宝宝生长速度明显快于正常宝宝，但其代价是青春期提前启动，长骨骨骺提前闭合，生长期变短，本来可以一直长个儿到 12 岁、13 岁，因为骨骺提前闭合可能到 10 岁左右就不长了，拔苗助长，后劲不足，最终身高反倒低于正常喂养的宝宝。另外生活中要注意塑料产品的使用，塑料玩具中含有增塑剂邻苯二甲酸酯，其在人体内发挥着类似雄、雌激素的作用，会通过呼吸道、消化道、皮肤等进入人体，如果频繁使用增塑剂超标的产品，可能会导致男宝宝生殖力减弱，女宝宝性早熟。因此要选择正规厂家生产的合格玩具，远离三无产品，还应避免接触 PVC 保鲜膜。

在宝宝喂养上应顺应喂养、自然喂养。

睡眠也影响宝宝的身高。让宝宝长高的激素主要是生长激素，这种激素在白天分泌很少，一般夜间 12 点左右是分泌的最高峰，夜间的分泌量是白天的好几倍。如果晚上不睡觉或者长期晚睡，或者睡眠颠倒、熬夜、夜醒频繁，会导致生长激素分泌峰值消失。生长激素分泌减少，孩子的个子就会矮。因此保证夜间睡眠时间，避免晚睡，有助于宝宝的身高发育。

运动是刺激生长激素分泌的方法之一，长期规律的运动可以让生长激素分泌增加，促进软骨细胞增殖，促进骨骼的钙化和生长，使骨头变长，变得更加粗壮，可以承受更大的压力。坚持锻炼，还可以提高宝宝的肌肉肌力、收缩力、张力、耐受力，增强关节韧性，提高关节的弹性和灵活性。父母可根据宝宝年龄特点，安排不同的运动，户外活动时间最好能保持在一天 1 ~ 2 小时。

生长激素缺乏、甲状腺功能低下等内分泌疾病往往会导致严重的生长迟缓，比如严重的先天性心脏病、肾炎等心肺肾功能障碍也会影响宝宝的身高发育。定期到医院进行健康检查，专业的医生可以更早地发现儿童生长轨迹的偏离及影响儿童生长发育的疾病，及时进行诊断。

体重监测

在家如何给宝宝测体重？

★测量意义：体重是反映宝宝近期营养状况最灵敏的指标。

★测量工具：幼儿体重秤（若条件有限，可用普通家用体重秤）。

★测量方法：

A. 测量体重前，宝宝应保持空腹、排空大小便，建议每次固定于上午两餐之间的时间测量。尽量脱去厚重衣裤、鞋子，摘掉帽子并拿掉尿布。

B. 最好使用专用的幼儿体重秤进行测重。

C. 如果条件有限，可以让家长抱着宝宝站在普通家用体重秤上，测出宝宝和家长共同的体重，再减去家长的体重，即为宝宝的体重。

D. 测量时宝宝需脱去厚重衣裤、鞋子，摘掉帽子并拿掉尿布，如天气寒冷，请注意保暖，建议测量前开暖气，室温达到 28 摄氏度左右再测量；无暖气条件的，也可以穿着衣服测量，再拿与宝宝同样的衣物和尿布进行测量，然后减去其重量。

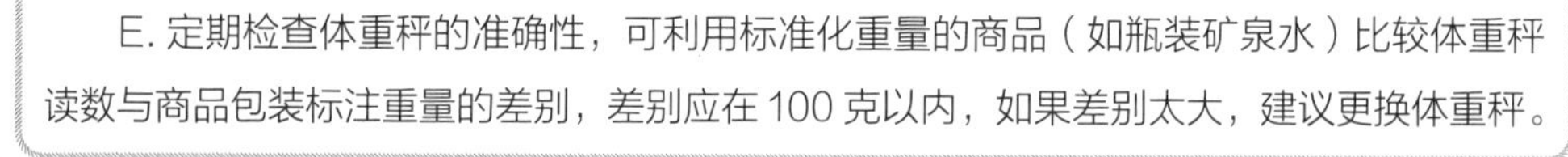

E. 定期检查体重秤的准确性，可利用标准化重量的商品（如瓶装矿泉水）比较体重秤读数与商品包装标注重量的差别，差别应在 100 克以内，如果差别太大，建议更换体重秤。

了解生理性体重下降

我们会发现新生儿在出生后的 2 ~ 3 天，体重较出生时下降了，这主要是由于营养摄入少，出生后胎粪及小便的排泄以及呼吸、皮肤出汗，丢失水分较多，导致体重逐渐下降，新生儿出现的这种暂时性的体重下降称为生理性体重下降。在正常情况下，体重下降的程度不会超过出生体重的 10%，也就是说，如果新生儿的出生体重是 3000 克，出现暂时性的体重下降后，其体重不会低于 2700 克，如果低于这个标准，那就要寻找原因，首先判断宝宝是否有疾病，如果没有疾病就可能存在喂养方面的问题，要加以调整。

在新生儿出生后及时哺乳并给予合理的护理，可以降低体重下降的程度。一般新生儿体重在出生后第 3 ~ 4 天达到最低点，之后逐渐回升。在出生后第 7 ~ 10 天体重应恢复到出生时的重量，之后以每天 25 ~ 30 克的递增速度不断增长，到满月时体重较出生时应至少增长 500 克，高的可达 600 ~ 800 克。

读懂宝宝体重增长曲线

体重是宝宝身体各器官、骨骼、肌肉、脂肪组织及体液重量的总和，反映宝宝近期营养状况，是评价宝宝生长发育的重要指标之一。1 岁以内宝宝体重增长最快，这一时期是宝宝出生后体重增长的第一个高峰期，月龄越小体重增长越快，前 3 个月的增长量等于后 9 个月的增长量。在正常情况下，3 个月宝宝的体重是出生体重的 2 倍，1 岁时体重是出生体重的 3 倍，平均体重为 9 ~ 10 千克。第 2 年增长 2.5 ~ 3.5 千克，2 岁至青春期增长比较稳定，平均每年增长 2 千克；进入青春期后，体重的增长对应身高增长，呈现第二个生长高峰，每年增重可达 2.5 ~ 3.5 千克。与身高增长不同，如果营养摄入足够多，人在一生中任何时候都可以增重。

监测宝宝的体重发育很重要，运用生长发育图进行监测是最为简单、方便的方法。宝宝的体重发育参照标准通常依据 WHO 推荐的生长发育曲线图（见图 1-8 和图 1-9），图中有 5 条曲线，表示假设标准人群中体重从低到高排列的 100 人，其对应的在第 97、第 85、第 50、第 15、第 3 排位的所在数值点连成的曲线。通常将宝宝体重在第 97、第 3 排位之间视为体重在正常范围内。

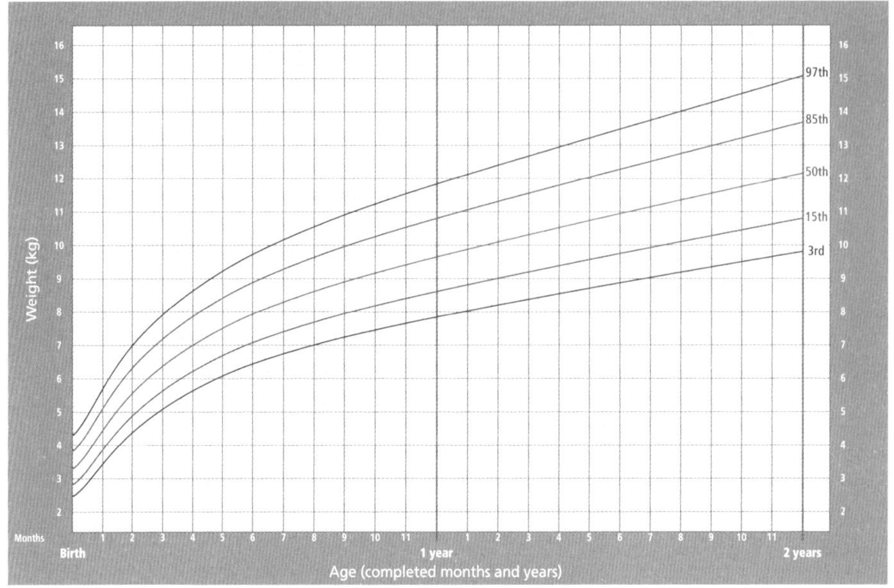

图 1-8　2 岁及以下男童体重标准曲线

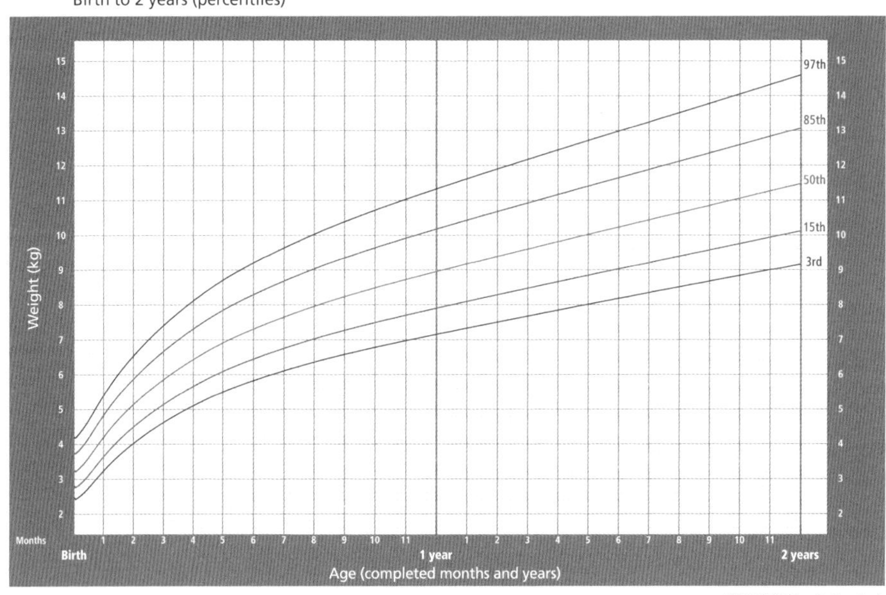

图 1-9　2 岁及以下女童体重标准曲线

测量宝宝体重后，可以在WHO推荐的生长发育曲线对应的年龄处标记宝宝的体重。如果体重的标记点刚好落在第50百分位标准值曲线上，表示该宝宝的体重在100个人中排第50，处于平均值的水平；若宝宝的体重在第97百分位标准值曲线和第3百分位标准值曲线之间（两条红色曲线之间），表示体重在正常范围；若在第85百分位标准值曲线和第15百分位标准值曲线之间（两条橙色曲线之间），为人群中等水平；若在第15百分位标准值曲线和第3百分位标准值曲线之间，为中下水平；若在第3百分位标准值曲线之下，体重为人群下等水平，表示宝宝可能存在营养不良；若在第85百分位标准值曲线和第97百分位标准值曲线之间，体重为中上水平；若在第97百分位标准值曲线之上，则宝宝体重为人群上等水平，表示宝宝可能存在超重的情况。体重超出正常值，家长要予以重视，当然还要结合宝宝的身长（身高）进行判断，这样会更客观，建议带宝宝到医院进行检查。

单靠一次测量评价宝宝的体重发育会比较片面，家长可以通过每月或每季度测量判断宝宝的体重增长趋势，将各体重标记点连接成线可获得宝宝的体重发育曲线（以男童为例，见图1-10），与参照曲线（WHO推荐的生长发育曲线图）进行对比，可以了解宝宝的增长趋势。

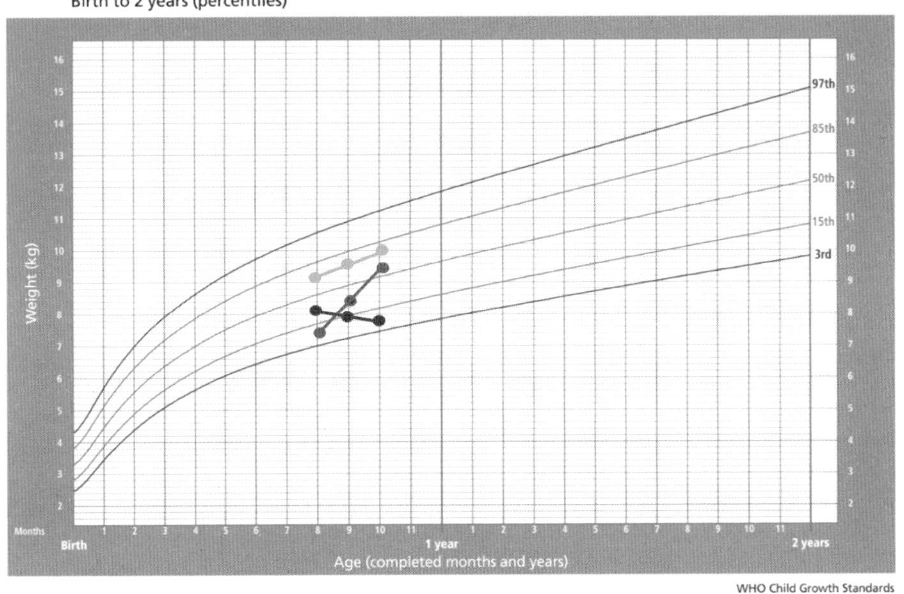

图1-10　与WHO体重标准曲线进行对比（男童）

正常增长：与参照曲线相比，儿童的自身体重发育曲线平行上升，如图中 1-10 中的绿色短线段。

增长不良：与参照曲线相比，儿童的自身体重发育曲线上升缓慢（增长不足）、持平（不增）或下降（增长值为负数），如图中 1-10 中的红色短线段。

增长加速：与参照曲线相比，儿童的自身体重发育曲线上升迅速（增长值超过参照速度标准），如图中 1-10 中的棕色短线段。

头围监测

在家如何给宝宝测头围？

★**测量意义**：头围可反映宝宝大脑的发育情况。头围过小或过大提示宝宝大脑发育可能存在问题，比如狭颅症、脑积水。

★**测量工具**：软尺。软尺的宽度不要太宽，建议选择 0.7 ~ 1.0 厘米之间的，软尺用久变形了请及时更换。

★**测量方法**：

A. 宝宝可取立位、坐位或仰卧位。

B. 家长将软尺零点固定在宝宝一侧眉弓上缘处，软尺紧贴头皮（若头发过多需将其拨开）绕枕骨结节最高点及另一侧眉弓上缘回至零点，读取的软尺和零点重合处的数字即为头围。

头围生长规律

头围可反映宝宝脑和颅骨的发育情况。新生儿头围平均为 34 厘米，1 岁时为 46 厘米，2 岁时为 48 厘米，5 岁时为 50 厘米，15 岁时为 53 厘米，与成人接近。

头围是否会影响智力？

我们可以发现宝宝头围在 3 岁以前增长较明显，尤其是 1 岁以前，这跟婴幼儿大脑发育有关，婴幼儿大脑发育的关键期为出生后 3 年，头围是反映宝宝大脑和颅骨发育情况的重要指标，大脑发育不好会影响头围的发育，颅骨发育不好比如狭颅症会影响大脑的发育，大脑发育不好就会影响智力发育。因此在宝宝 3 岁以内定期测量头围，通过监测头围增长，可以了解宝宝大脑的发育状况。如果宝宝头围过小，低于同年龄、同性别的第 3 百分位标准值（见图 1-11 和图 1-12），可能存在头小畸形，应警惕大脑发育不良；头围也不是越大越好，如果头围过大并伴有增大过快的情况，超过第 95 百分位标准值（见图 1-11 和图 1-12），则提示宝宝可能有脑积水等情况，要到医院进一步检查。

Head circumference-for-age BOYS

Birth to 5 years (percentiles)

						Percentiles (head circumference in cm)										
Year: Month	Month	L	M	S	SD	1st	3rd	5th	15th	25th	50th	75th	85th	95th	97th	99th
0: 0	0	1	34.4618	0.03686	1.2703	31.5	32.1	32.4	33.1	33.6	34.5	35.3	35.8	36.6	36.9	37.4
0: 1	1	1	37.2759	0.03133	1.1679	34.6	35.1	35.4	36.1	36.5	37.3	38.1	38.5	39.2	39.5	40.0
0: 2	2	1	39.1285	0.02997	1.1727	36.4	36.9	37.2	37.9	38.3	39.1	39.9	40.3	41.1	41.3	41.9
0: 3	3	1	40.5135	0.02918	1.1822	37.8	38.3	38.6	39.3	39.7	40.5	41.3	41.7	42.5	42.7	43.3
0: 4	4	1	41.6317	0.02868	1.1940	38.9	39.4	39.7	40.4	40.8	41.6	42.4	42.9	43.6	43.9	44.4
0: 5	5	1	42.5576	0.02837	1.2074	39.7	40.3	40.6	41.3	41.7	42.6	43.4	43.8	44.5	44.8	45.4
0: 6	6	1	43.3306	0.02817	1.2206	40.5	41.0	41.3	42.1	42.5	43.3	44.2	44.6	45.3	45.6	46.2
0: 7	7	1	43.9803	0.02804	1.2332	41.1	41.7	42.0	42.7	43.1	44.0	44.8	45.3	46.0	46.3	46.8
0: 8	8	1	44.5300	0.02796	1.2451	41.6	42.2	42.5	43.2	43.7	44.5	45.4	45.8	46.6	46.9	47.4
0: 9	9	1	44.9998	0.02792	1.2564	42.1	42.6	42.9	43.7	44.2	45.0	45.8	46.3	47.1	47.4	47.9
0:10	10	1	45.4051	0.02790	1.2668	42.5	43.0	43.3	44.1	44.6	45.4	46.3	46.7	47.5	47.8	48.4
0:11	11	1	45.7573	0.02789	1.2762	42.8	43.4	43.7	44.4	44.9	45.8	46.6	47.1	47.9	48.2	48.7
1: 0	12	1	46.0661	0.02789	1.2848	43.1	43.6	44.0	44.7	45.2	46.1	46.9	47.4	48.2	48.5	49.1
1: 1	13	1	46.3395	0.02789	1.2924	43.3	43.9	44.2	45.0	45.5	46.3	47.2	47.7	48.5	48.8	49.3
1: 2	14	1	46.5844	0.02791	1.3002	43.6	44.1	44.4	45.2	45.7	46.6	47.5	47.9	48.7	49.0	49.6
1: 3	15	1	46.8060	0.02792	1.3068	43.8	44.3	44.7	45.5	45.9	46.8	47.7	48.2	49.0	49.3	49.8
1: 4	16	1	47.0088	0.02795	1.3139	44.0	44.5	44.8	45.6	46.1	47.0	47.9	48.4	49.2	49.5	50.1
1: 5	17	1	47.1962	0.02797	1.3201	44.1	44.7	45.0	45.8	46.3	47.2	48.1	48.6	49.4	49.7	50.3
1: 6	18	1	47.3711	0.02800	1.3264	44.3	44.9	45.2	46.0	46.5	47.4	48.3	48.7	49.6	49.9	50.5
1: 7	19	1	47.5357	0.02803	1.3324	44.4	45.0	45.3	46.2	46.6	47.5	48.4	48.9	49.7	50.0	50.6
1: 8	20	1	47.6919	0.02806	1.3382	44.6	45.2	45.5	46.3	46.8	47.7	48.6	49.1	49.9	50.2	50.8
1: 9	21	1	47.8408	0.02810	1.3443	44.7	45.3	45.6	46.4	46.9	47.8	48.7	49.2	50.1	50.4	51.0
1:10	22	1	47.9833	0.02813	1.3498	44.8	45.4	45.8	46.6	47.1	48.0	48.9	49.4	50.2	50.5	51.1
1:11	23	1	48.1201	0.02817	1.3555	45.0	45.6	45.9	46.7	47.2	48.1	49.0	49.5	50.3	50.7	51.3
2: 0	24	1	48.2515	0.02821	1.3612	45.1	45.7	46.0	46.8	47.3	48.3	49.2	49.7	50.5	50.8	51.4

WHO Child Growth Standards

图 1-11 5 岁以下男童头围标准

Head circumference-for-age GIRLS

Birth to 5 years (percentiles)

						Percentiles (head circumference in cm)										
Year: Month	Month	L	M	S	SD	1st	3rd	5th	15th	25th	50th	75th	85th	95th	97th	99th
0: 0	0	1	33.8787	0.03496	1.1844	31.1	31.7	31.9	32.7	33.1	33.9	34.7	35.1	35.8	36.1	36.6
0: 1	1	1	36.5463	0.03210	1.1731	33.8	34.3	34.6	35.3	35.8	36.5	37.3	37.8	38.5	38.8	39.3
0: 2	2	1	38.2521	0.03168	1.2118	35.4	36.0	36.3	37.0	37.4	38.3	39.1	39.5	40.2	40.5	41.1
0: 3	3	1	39.5328	0.03140	1.2413	36.6	37.2	37.5	38.2	38.7	39.5	40.4	40.8	41.6	41.9	42.4
0: 4	4	1	40.5817	0.03119	1.2657	37.6	38.2	38.5	39.3	39.7	40.6	41.4	41.9	42.7	43.0	43.5
0: 5	5	1	41.4590	0.03102	1.2861	38.5	39.0	39.3	40.1	40.6	41.5	42.3	42.8	43.6	43.9	44.5
0: 6	6	1	42.1995	0.03087	1.3027	39.2	39.7	40.1	40.8	41.3	42.2	43.1	43.5	44.3	44.6	45.2
0: 7	7	1	42.8290	0.03075	1.3170	39.8	40.4	40.7	41.5	41.9	42.8	43.7	44.2	45.0	45.3	45.9
0: 8	8	1	43.3671	0.03063	1.3283	40.3	40.9	41.2	42.0	42.5	43.4	44.3	44.7	45.6	45.9	46.5
0: 9	9	1	43.8300	0.03053	1.3381	40.7	41.3	41.6	42.4	42.9	43.8	44.7	45.2	46.0	46.3	46.9
0:10	10	1	44.2319	0.03044	1.3464	41.1	41.7	42.0	42.8	43.3	44.2	45.1	45.6	46.4	46.8	47.4
0:11	11	1	44.5844	0.03035	1.3531	41.4	42.0	42.4	43.2	43.7	44.6	45.5	46.0	46.8	47.1	47.7
1: 0	12	1	44.8965	0.03027	1.3590	41.7	42.3	42.7	43.5	44.0	44.9	45.8	46.3	47.1	47.5	48.1
1: 1	13	1	45.1752	0.03019	1.3638	42.0	42.6	42.9	43.8	44.3	45.2	46.1	46.6	47.4	47.7	48.3
1: 2	14	1	45.4265	0.03012	1.3683	42.2	42.9	43.2	44.0	44.5	45.4	46.3	46.8	47.7	48.0	48.6
1: 3	15	1	45.6551	0.03006	1.3724	42.5	43.1	43.4	44.2	44.7	45.7	46.6	47.1	47.9	48.2	48.8
1: 4	16	1	45.8650	0.02999	1.3755	42.7	43.3	43.6	44.4	44.9	45.9	46.8	47.3	48.1	48.5	49.1
1: 5	17	1	46.0598	0.02993	1.3786	42.9	43.5	43.8	44.6	45.1	46.1	47.0	47.5	48.3	48.7	49.3
1: 6	18	1	46.2424	0.02987	1.3813	43.0	43.6	44.0	44.8	45.3	46.2	47.2	47.7	48.5	48.8	49.5
1: 7	19	1	46.4152	0.02982	1.3841	43.2	43.8	44.1	45.0	45.5	46.4	47.3	47.8	48.7	49.0	49.6
1: 8	20	1	46.5801	0.02977	1.3867	43.4	44.0	44.3	45.1	45.6	46.6	47.5	48.0	48.9	49.2	49.8
1: 9	21	1	46.7384	0.02972	1.3891	43.5	44.1	44.5	45.3	45.8	46.7	47.7	48.2	49.0	49.4	50.0
1:10	22	1	46.8913	0.02967	1.3913	43.7	44.3	44.6	45.4	46.0	46.9	47.8	48.3	49.2	49.5	50.1
1:11	23	1	47.0391	0.02962	1.3933	43.8	44.4	44.7	45.6	46.1	47.0	48.0	48.5	49.3	49.7	50.3
2: 0	24	1	47.1822	0.02957	1.3952	43.9	44.6	44.9	45.7	46.2	47.2	48.1	48.6	49.5	49.8	50.4

WHO Child Growth Standards

图 1-12 5 岁以下女童头围标准

读懂宝宝传递的信息

？新生儿头部出现肿块是怎么回事

在新生儿出生后第 2 天或第 3 天，偶然会发现其头顶靠左或靠右的地方有肿块。用手摸时有柔软感，宝宝好像并不感到疼痛。过了两三天也没有什么变化。如果你仔细摸一下，会感到肿块周围的骨头向上隆起，而肿块的正中央好像没有骨头，这就是新生儿头部包块。

新生儿的头部包块一般由两种情况引起，即产瘤和头颅血肿。产瘤又被称为先锋头，是宝宝在分娩过程中受到妈妈阴道挤压而发生头皮下部水肿所致，在刚出生时最明显，之后逐渐变小，会在 36 小时内消失。而头颅血肿为宝宝在出生时，经过产道时受挤压，导致骨膜下血管破裂、血液积留在骨膜下而形成。血肿在出生后数小时至数天逐渐增大，因此有的在出生后就会被发现，有的在出生后数天才被发现。头颅血肿多见于头颅顶部，血肿小者不需特殊治疗，可以自行吸收消退。如发现血肿逐渐增大，并伴有其他明显症状如黄疸等表现，需要新生儿科的专业医生来判断，排除一下有没有头颅内部脑组织出血的情况。同时还需要注意，头颅血肿出现后，切忌热敷、揉搓、挤压等。

？为什么宝宝睡觉时会动来动去

宝宝的睡眠时间大约占一天时间的 1/2 或 3/5。睡眠问题不但影响儿童发育，也会对家庭产生困扰。宝宝睡眠可分为不同的状态——熟睡、浅睡、做梦、睡醒，当中有很多的循环阶段。在婴儿期，每一循环阶段大约维持 40 ~ 45 分钟。在进入浅睡状态时，宝宝容易被周围的声音惊动，或会出现自然抖动，随后可能继续入睡，也可能会被吵醒。

如果宝宝睡觉不安稳，睡不踏实，可以从以下几个方面找原因：

①室内空气不佳。空气不好会妨碍宝宝气体交换，一次呼吸所得到的氧气就少，氧气不足就会妨碍他睡觉。父母应注意每天定时开窗通风换气。

②宝宝的尿布湿了未及时更换。

③衣被不合适。衣服穿多、被子盖太多会使宝宝不舒服。

④饮食不当。宝宝吃得过多或吃的食物不好消化，都会影响睡眠。

⑤宝宝睡前玩得太兴奋。在宝宝睡前父母应安排安静的活动，不要让宝宝看电子产品，或在床上跳来跳去。

⑥宝宝身体不适，如发热、鼻子不通气、耳朵痛、患佝偻病等，都会影响他的睡眠。

如何令宝宝安睡呢？

★睡眠环境：卧室应保持空气清新，温度适宜。睡衣应舒适及吸汗。可在卧室开盏小灯，等宝宝睡后应熄灯。避免在卧室放置电视、电话、电脑、游戏机等设备。

★睡床方式：建议婴儿与父母同屋不同床。18 ~ 24 个月的儿童可从婴儿床过渡到小床。有条件的家庭建议让儿童单独一屋睡觉。

★睡眠姿势：1 岁以内的宝宝建议仰卧位睡眠，不推荐俯卧位睡眠，直至婴幼儿可以自行变换睡眠姿势。

★规律作息：从 3 ~ 5 个月起，逐渐维持规律作息。建议固定就寝时间，一般不晚于 21 点，也不提倡过早上床，假期也要保持固定、规律的睡眠作息。

★睡前活动：睡前安排 3 ~ 4 项睡前活动，活动内容每天基本保持一致，固定有序，温馨适度，活动时间控制在 20 分钟内，活动结束时，尽量确保宝宝处于较平静状态。

? 宝宝动的时候为什么总是憋得全身通红

新生儿的肠管较长，约为身长的 8 倍（成人仅 4.5 倍）。新生儿咽入的空气 2 小时后才可达回肠，3 ~ 6 小时达结肠，并均匀地分布于整个大小肠，因此肠管平时含有大量气体，经常呈现膨胀状态。同时，因婴儿生长发育快，需要大量的营养物质，肠内细菌含有各种酶，能水解蛋白、分解碳水化合物、使脂肪皂化、溶解纤维素、合成维生素 K 和 B 族维生素，这些过程也产生气体。此外，因为新生儿的腹壁较薄，腹肌无力，所以宝宝常出现“憋气”（鼓劲）现象。这是宝宝的正常生理现象，一般无须特殊处理。

但是，如果宝宝在进食乳制品 30 分钟或 2 小时后出现腹胀、恶心、呕吐、腹泻、腹痛等症状，可能是乳糖不耐受。可采用无乳糖或低乳糖饮食，或口服乳糖酶。

? 宝宝总是哭，该怎么办

宝宝哭闹主要是围绕着吃、喝、拉、撒、穿等方面，父母要正确分析和解决。每当宝宝哭时，父母应尽量及时给予回应，留意他有什么需要。在不断聆听宝宝的哭声中总结经验，逐渐掌握他不同的哭声代表的含义。

排便后哭闹。当宝宝哭闹时应首先检查下他是否排便，如果尿布湿了或有大便，应及时给宝宝更换干爽的尿布。

奶水不足。多在喂奶前发生，宝宝声音洪亮、短促，有规律，常伴吸吮动作，这时应及时喂奶。

喂奶时哭闹。喂奶时宝宝反复避开奶头，且边吃边哭，可能是乳汁分泌过急所致。妈妈可挤出少量乳汁后再喂，或选用小流量奶嘴。

穿衣不合适。穿衣太多或太少或者衣服太紧等都可能导致宝宝哭闹，父母应注意室内温度，适当增减宝宝的衣服和被褥。

想睡觉。在宝宝睡觉时应保持环境安静，并将灯光调暗。

需要安抚。醒着的宝宝长时间得不到爱抚时也会哭闹。父母应走近宝宝，让他看到你，轻抚他，温柔地对他说话；听轻柔的音乐；用柔软的布把他裹紧，让他有安全感。切记不要太用力摇晃宝宝，以免发生意外。

在你尝试过以上方法后，宝宝还是哭个不停，你可能要考虑以下因素：

A. 适应环境较慢。有些宝宝很容易因生活环境有所变动而感到不安。

B. 过多的外界刺激。个别宝宝会对经历新事物较为敏感。

C. 情绪紧张。宝宝可能会受照顾者的情绪影响而变得紧张，哭个不停。

D. 胃肠不适。此现象大多在傍晚出现。同时伴有身体不断扭动、放屁、难以安抚等表现。喂奶后应适当排气。如疑为牛奶蛋白过敏，应到医院咨询专科医生。

E. 生病。如感冒鼻塞、发热、腹泻等宝宝都会哭闹，且哭声高调、剧烈。应及时到医院就诊。

家长首先要保持冷静，不要太着急；细心观察宝宝的情况，排除生病的可能性；尝试系统地每次用一种方法；了解宝宝的气质和特性，对症处理；管理好自己的情绪；可向医护人员寻求帮助。

如何辨别宝宝的大便是否正常

新生儿在出生 24 小时内会排出胎粪。胎粪颜色黑绿、黏稠，没有臭味。随后 2 ～ 3 天会排棕褐色的过渡便，以后就转为正常大便了。母乳喂养的宝宝，大便呈黄色或金黄色，软膏样，味酸不臭；配方奶喂养的宝宝，大便呈淡黄色，均匀质硬，有臭味。一般吃母乳的新生儿大便次数较多，每天 4 ～ 6 次，有时甚至达 7 ～ 8 次之多。不管采用母乳喂养还是配方奶喂养，如果宝宝的大便非常硬或者干燥，可能是因为水分不足。当开始进食固体食物时，大便硬可能是宝宝吃了太多易导致便秘的食物，应注意宝宝的水分的补充情况或蔬菜和水果的摄入量。

大便的颜色和质地偶尔发生变化是正常现象。比如，因进食了大量的谷类或不易消化的食物而引起消化不良，大便可能变成绿色；在补充铁质时，宝宝的大便会变成黑棕色；哺乳时妈妈的乳头有裂伤出血，宝宝的大便可能呈现柏油样。这些都属于正常大便。然而，如果大便带血，要看宝宝有没有肛裂、外伤或尿布疹；如果大便呈现稀水样、绿色发酸，要考虑是否是喂养不当、饥饿所致；如果大便呈灰白色可能是胆道闭锁；如果大便呈蛋花汤样、带有黏液或脓血，可能为感染所致。

不同宝宝的排便有很大差异，有些宝宝在喂养后不久就会排一次大便。这是胃肠反射的结果。有些母乳喂养的宝宝可能一周仅有一次大便。排便次数少并代表便秘，只要大便仍然发软，体重有稳定增加就没有问题，但仍需要有规律地看护。

宝宝经常打嗝，这是怎么回事

打嗝是一种较为常见的现象，尤其多见于小婴儿。膈肌是人体中一块很薄的肌肉，它不仅分隔胸腔和腹腔，而且是人体主要的呼吸肌。膈肌收缩时，胸腔容积扩大，引起吸气；膈肌松弛时，胸腔容积减少，产生呼气。小婴儿由于神经发育不完善，控制膈肌运动的植物性神经活动功能受到影响。当受到冷空气、进食太快等因素刺激，膈肌就会快速地收缩，从而迅速吸气，声带收紧，声门突然关闭，就会发出打嗝的声音。大部分打嗝是自限性的，多数会自己好。随着婴儿的成长，神经系统发育逐渐完善，他的打嗝现象也会逐渐减少。

宝宝头发很少，是缺微量元素吗

宝宝的头发长得好与坏，与营养及遗传有一定的关系。当宝宝在妈妈肚子里 3 个月时，头发就开始生长了。如果宝宝在胎内营养良好，并且足月、顺产，头发一般会长得很好；如果宝宝在胎内营养不良，又是早产，一般头发长得不好。有的宝宝出生时头发又黑又多，但是出生后由于营养摄入不足，或营养不良等，头发会变得发黄和稀少，没有光泽。如果宝宝头发不多但有光泽，并与父母一方或双方相似，而且宝宝身长、体重指标正常，说明宝宝的头发生长比较正常。对于头发稀少并患有营养性疾病（如贫血、佝偻病、消化不良等）的宝宝，应及时治疗。

宝宝吃奶时唇部、面部发紫是怎么回事

如果宝宝哭闹时口周出现青紫现象并伴有其他症状，应警惕是疾病所致。

常见疾病

肺部疾病。孩子患有肺炎、喉炎、支气管异物吸入等病症时，会出现皮肤青紫，还伴有呼吸困难、鼻翼煽动、面色苍白和咳嗽等症状，应及时转至医院诊治。只要原发病治愈，青紫症状就会随之消失。

先天性心脏病。孩子患有先天性心脏病，心脏内血液循环发生紊乱，静脉血与动脉血相混，使机体出现缺氧，以致皮肤、黏膜和指甲等部位出现青紫症状。生病后孩子往往不愿意活动，一旦活动或哭闹时，呼吸加快，也会出现青紫症状，或表现为烦躁不安，不能入睡。对于这种先天性心脏病，只要诊断明确就可以择期进行手术治疗。因此，如果宝宝吃奶时出现唇部、面部发紫，建议及时到医院就诊，以免错过治疗的最佳时机。

爸爸如何参与照顾宝宝？

第一，要做好安抚工作，给妻子充分的支持。因为新生儿妈妈在分娩之后的一段时间，因疲倦、创伤、激素水平波动以及对新生儿的担忧等情况容易出现情绪低落。这个时候丈夫的理解、支持和陪伴是非常关键的，可有效降低新生儿妈妈产后抑郁的发生率。

第二，要理解和同情妻子，做好后勤保障工作。在妻子给宝宝喂奶的时候可以陪她聊天，谈谈外面发生的事情；帮妻子按摩，理解她喂奶的辛苦；特别是夜间喂奶时，不要自己呼呼大睡，可以帮忙拿一个枕头或靠垫放在妻子背后，或垫在宝宝下面，有需要的时候喂奶前先给宝宝换尿布。

第三，尽可能地帮助妻子照看宝宝，让她可以稍微清静一会儿，适当地放松、休息一下，因为这段时间里妻子全天候照看宝宝，经常是睡眠不足的。爸爸可以帮宝宝换尿布，给宝宝洗澡、做抚触、做被动操、拍嗝等。

第四，对于需要用配方奶喂养的宝宝，爸爸可以帮助挑选奶粉、奶瓶，做好冲奶粉、奶瓶的消毒等工作。

第五，多承担家务，比如给妻子做她喜欢吃的饭菜，打扫房间，带宝宝出门遛弯，陪妻子出门散步等。

视力发育促进

刚出生不久的宝宝，各项技能都处在慢慢萌芽的阶段，尤其是宝宝的视力。宝宝的视力发育有一个循序渐进的过程，视力在出生后几个月开始逐渐增进，要到七八岁左右才基本发育完全。

宝宝视力发育的特点

新生宝宝的感光方式和胎儿期的感光方式相似，能够非常准确地感觉到光线明暗变化。由于视觉的聚焦能力还在发育中，宝宝的视力极差，只有光感。因此，新生宝宝看到的爸爸妈妈是模糊的。他们喜欢看距离眼睛 20 ～ 30 厘米的物体，最感兴趣的是黑白图案或对比强烈的图案，比如条纹、同心圆、棋盘格，还有非常简单的人面图案。

满月后的宝宝喜欢看活动的物体和熟悉的人，但眼球容易不协调，无法注视太久。2 个月时，眼球能随着物体在 90 度范围内运动，当有物体快速靠近眼前时，宝宝会出现眨眼等保护性反射。

3 月龄的宝宝能固定视线，看清大约 75 厘米远的物体，注视的时间明显延长了，视线还能跟随移动的物体而移动。例如，婴儿躺在小床上，妈妈从身边走过时，他的眼睛可以跟着妈妈的身体转动，也喜欢看自己的手。对鲜亮的颜色很敏感，尤其是红色，不喜欢看暗淡的颜色。

宝宝眨眼次数增多，可以准确看到面前的物品，还会伸出小手抓取、玩弄物品，手眼开始协调，手成为宝宝的第二眼睛。6 月龄的宝宝能注视较远距离的物体，如街上的行人、车辆等。

7 个月开始，宝宝的眼睛可以对准焦点，调整姿势看清楚想要看的东西。宝宝 8 个月时已经能辨别物体的远近和大小，会寻找眼前突然消失的玩具，特别喜欢追踪眼前的物体。爸爸妈妈如果和宝宝玩“躲猫猫”的游戏，宝宝会显得特别兴奋。

9 月龄的宝宝已经能够区别陌生人和熟悉的人了，大都已经可以自如爬行，视觉上也可以追随着物体上下左右移动，有些宝宝还能辨别物体大小、形状及移动的速度。开始出现视深度感觉，实际上这是一种立体知觉。

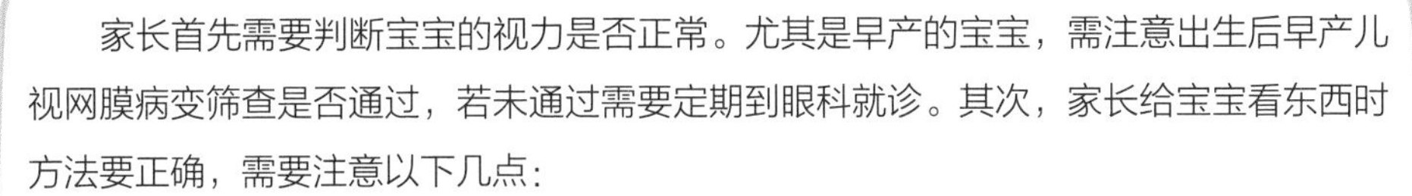

给宝宝看东西，宝宝没有反应怎么办？

家长首先需要判断宝宝的视力是否正常。尤其是早产的宝宝，需注意出生后早产儿视网膜病变筛查是否通过，若未通过需要定期到眼科就诊。其次，家长给宝宝看东西时方法要正确，需要注意以下几点：

①由于宝宝是天生的远视眼，给小月龄的宝宝看东西切勿离太远或太近，一般距离宝宝眼睛 20 厘米左右。

②给宝宝看东西时，先要确保宝宝看到了物体，再慢慢移动物体，切勿移动得过快。一开始，宝宝只能跟上在有限距离内缓慢移动的较大物体，但慢慢地，宝宝的视线就可以跟上快速移动的小东西。

③给小月龄宝宝看的物体，图案对比越强烈，就越能吸引宝宝。颜色要鲜艳，以红色、蓝色、绿色等为宜。如果给宝宝看一张由很多相近色组成的照片，他们多半没什么反应。

家长们可以参考上述的“**宝宝视力发育的特点**”。如果怀疑宝宝视力发育落后，可以由医生进行专业的检查和判断。

日常生活中的视力保护

在日常生活中保护宝宝的视力，可以从以下几个方面着手。

①定期给宝宝进行眼病筛查和视力检查。健康宝宝应当在满月、3 月龄、6 月龄、12 月龄和 2 岁、3 岁、4 岁、5 岁、6 岁进行健康检查的同时要进行阶段性眼病筛查和视力检查。具有眼病高危因素的新生儿，应当在出生后尽早由眼科医生进行检查。出生体重 < 2000 克的早产儿和低出生体重儿，应当在出生后 4 ~ 6 周或矫正胎龄 32 周，由眼科医生进行首次眼底病变筛查。

②识别宝宝眼部疾病。宝宝若出现眼红、畏光、流泪、分泌物多、瞳孔区发白、眼位偏斜或歪头看东西、眼球震颤、不能追着东西看（3 月龄以上宝宝）等异常情况，应及时到医院检查。

③注意用眼卫生。避免给宝宝看电视、手机等电子产品；不要盲目使用眼保健品；合理喂养宝宝，平衡膳食，每天到户外活动 2 小时。

④防止宝宝眼外伤。宝宝要远离烟花爆竹、锐利器械、有害物质，不去危险的场所，注意宠物和玩具的安全性。

⑤预防传染性眼病。经常给宝宝洗手，不要让宝宝揉眼睛。

听力发育促进

宝宝听力发育的特点

在所有声音中，婴儿最喜欢的是人类的声音。妈妈的声音是他最喜欢的，他会将这种声音与温暖和舒适联系在一起。宝宝听力发育特点大概如下。

出生～1月龄内

新生宝宝刚出生时对声音不敏感，随着年龄的增长，对声音的敏感性慢慢增强。大概1周后，听力发育基本成熟，他会注意到人类的声音，也会对噪声敏感。

1~2月龄

宝宝能对熟悉或陌生的声音做出不同的反应，对大的声音可做出惊跳反应。在宝宝的不同方位发出声音，宝宝会向声源处转动头部。2个月左右，宝宝会发出叽叽咕咕声，开始发一些元音（如啊啊啊，哦哦哦等）。

3~4月龄

宝宝能将脸转向声源，听到妈妈的声音会很高兴。温柔好听的声音会引起宝宝微笑、晃动手脚等积极反应。4月龄时宝宝能辨别不同音色，可区分男声和女声，对不同的声音表现出不同反应。

5~6月龄

宝宝对各种新奇的声音都很好奇，会定位声源，听到声音时，能咿咿呀呀地回应，对音量的变化有反应。

7~8月龄

宝宝会倾听自己发出的声音和别人发出的声音，能把声音和声音的内容联系起来。8月龄的宝宝大致能辨别出友好和愤怒的说话声，能够模仿声音。

9月龄

宝宝已经知道自己的名字。对声音的定位能力明显提高，对轻微的、有意义的声音表现出兴奋，弄响隔壁房间的物品或在远处叫宝宝，宝宝会爬过去。

10~12月龄

宝宝会对名字和“不”做出反应，会辨认日常生活中常用的词，如“睡觉觉”。能够随着音乐摆手，并能寻找视野以外的声音。如果反复给无意义的声音，宝宝会产生厌烦情绪。

需要跟刚出生的宝宝说话吗？

非常需要。宝宝从出生那一刻起，就开始感知这个世界了，他们不一定能听懂大人的语言，但绝对能够感受到身边人的情绪。当你说话时宝宝会聆听，慢慢地，当你抱着宝宝时他会盯着你看，可能还会扭动身体来回应你或吸引你的注意。到宝宝 2 个月的时候，他每天都会花很多时间观察身边的人，倾听他们的谈话。身边的人逗他、安抚他，会令他感到舒服。这种早期的交流对宝宝的社交和情感发育有着非常重要的作用。

你可以尝试这么做：当宝宝觉醒时，妈妈坐在床边或轻柔地抱起宝宝，母子脸相距 20 厘米左右，对他微笑、伸舌头或说话，并及时回应宝宝的笑容，每次 3 ~ 5 分钟，每天坚持做 2 ~ 3 次。如此反复后，宝宝也能逐渐模仿妈妈将舌头伸出嘴外或张嘴发音。当他“说话”时，仔细揣摩他的意思，不要打断他，也不要转移视线，以显示出你对宝宝的兴趣和尊重。当给宝宝洗澡或换尿布时，轻柔地抚摸他，并根据生活情境说“妈妈给宝宝洗澡”“尿湿了，我们来换尿布吧”等话语，这些行为都是为了丰富宝宝的语言环境，帮宝宝感知语言、学会倾听、体会母爱，刺激听觉、视觉和触觉的发育，激发愉快的情绪。

日常生活中的听力保护

在日常生活中保护宝宝的听力，可以从以下几个方面着手。

定期进行听力筛查。宝宝进行新生儿听力筛查之后，在 6 月龄、12 月龄、24 月龄和 36 月龄的时候也要给宝宝做听力和耳朵的保健。

保证宝宝居住、玩耍的环境安静、安全，减少生活中的噪声。避免过强的声音刺激，避免给宝宝使用耳机。因为在长时间的噪声和强声的干扰下，听觉细胞易受损伤且伤害不可逆。

避免宝宝头部外伤和外耳道进水、进异物。正确地哺乳及喂奶，防止宝宝呛奶，宝宝溢奶时及时处理，防止奶汁流入宝宝耳朵；给宝宝洗澡的时候防止宝宝呛水和耳朵进水。由于小宝宝的咽鼓管短、宽、直，耳朵中“脏水”的病菌会引起外耳道真菌感染。

避免自行给宝宝掏耳朵。小宝宝的耳道较短、耳洞较小、皮肤较嫩，掏耳朵操作不当很容易损伤到宝宝娇嫩的耳道内皮肤，损伤宝宝的骨膜。

有耳毒性药物致聋家族史的，父母应当主动告知医生，避免使用耳毒性药物。宝宝发热感冒了，不建议家长自行购买药物让宝宝服用，应该由儿科医生综合判断。

若宝宝患过腮腺炎、脑膜炎等疾病，注意宝宝的听力是否有变化。这是传染性疾病引起耳聋的重要原因，患儿应进行听力测试以尽早发现是否出现听力损伤。

如果宝宝的耳部及耳周皮肤出现异常，应及时就诊。宝宝出现外耳道有分泌物或异常气味，有拍打或抓耳部的动作，有耳痒、耳痛、耳胀等症状，对声音反应迟钝以及语言发育缓慢时要及时就诊。

运动能力发展

儿童运动能力发展的特征

儿童运动能力的发展有以下 4 个特征：

1 从整体动作到分化动作

婴儿最初的动作是全身的、笼统的、散漫的，之后逐渐分化为局部的、准确的、专门化的动作。例如，4 月龄的宝宝只能用整个手掌把弄到小药丸大小的物体，约 4 月龄后便能用拇指和食指对捏小药丸大小的物体。

2 从上部动作到下部动作

婴儿最早获得的能力是做出头和躯干的动作，然后是双臂和腿部有规律的动作，最后才是脚的动作。任何婴儿的动作总是沿着抬头→翻身→坐→爬→站→走的方向发展成熟的，缺少其中任何一环，都可能造成宝宝以后一定程度上的心智与行为问题。

3 从大肌肉动作到小肌肉动作

婴儿首先发展的是躯体大肌肉动作，如双臂和脚部动作等，之后才是灵巧的手部小肌肉动作，以及准确的视觉动作等。

4 从无意动作到有意动作

婴儿动作发展也服从人类心理发展的规律，即由无意动作向有意动作发展。例如，3 月龄前，婴儿的手通常无意识地划动；3 月龄时开始无意识地抚摸；4 ~ 5 月龄开始手眼协调地抓握；5 ~ 6 月龄起开始五指分化地去拿物体；而在 7 月龄后，宝宝能够开始双手配合摆弄物体。

儿童运动能力的发展规律

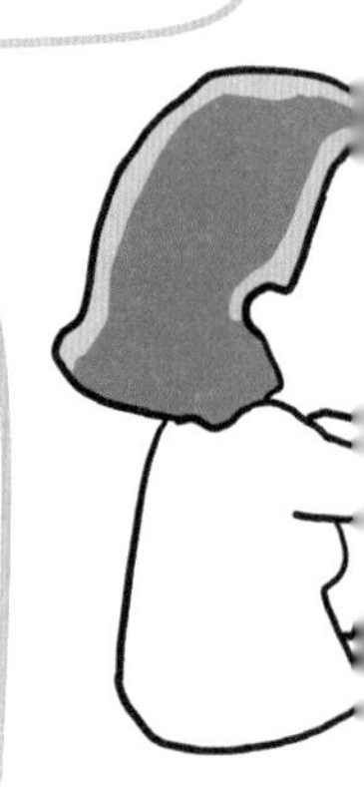

生命的前两年是宝宝学习基本运动要素的时候。 然而新生儿除了挥舞手臂和双腿，似乎什么也做不了。他是如何成长为一个能够与你对视，能够抓握、坐下、站立和行走的宝宝的呢？ 这是怎么发生的呢？

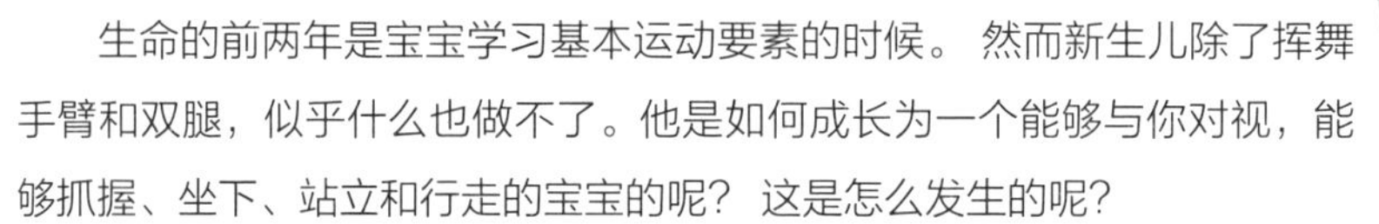

让我们一起对照附送的自查表，看看宝宝成长过程中那些激动人心的时刻吧！

按摩抚触的作用

按摩抚触主要是通过抚触者的双手对婴儿的皮肤进行有次序的、有手法技巧的科学抚摸。宝爸宝妈们带宝宝去游泳馆、早期发展中心也常常被推荐婴儿抚触套餐。那么抚触真的有那么好吗？到底要不要带宝宝去做抚触呢？总体来说，第一，按摩抚触确实对宝宝大有益处；第二，爸爸妈妈在家里就可以给宝宝做专业的按摩与抚触，并不一定需要去专门的早期发展机构。下面我们来看一看按摩抚触到底对宝宝有哪些生理和心理上的好处。

刺激宝宝的触觉、听觉、视觉

按摩抚触是爸爸妈妈和宝宝皮肤、身体的亲密接触。宝宝能感受到爸爸妈妈肌肤的温度、质感、力度，也能够专注聆听爸爸妈妈的声音和观察爸爸妈妈的表情。在按摩抚触中，宝宝同时体验到触觉、听觉和视觉的刺激，这样可更好地促进感觉器官的发育。

促进食物的消化和吸收

宝宝在吃奶后时常腹胀、打嗝，用传统拍嗝手法通常需手拍背部 20 ~ 30 分钟才能舒缓。而爸爸妈妈用专业的手法揉揉宝宝的小肚子，能更好地促进宝宝肠胃蠕动，帮助宝宝更轻松地度过吃奶后不消化期。

有助于宝宝情绪稳定

按摩抚触能刺激全身神经末梢的感受器，引起神经冲动，经由脊髓传到脑部，让人产生松弛舒畅的感受。和成年人按摩过后神清气爽的感觉类似，按摩抚触在刺激宝宝感官的同时，更能调节宝宝的情绪反应，让宝宝更快地平衡自己的情绪。

提升睡眠品质

抚触可提升血液中褪黑激素的浓度，让宝宝昏昏欲睡，是哄睡的一大神器。对宝宝进行抚触，能够减少宝宝哭闹，提高宝宝睡眠质量。入睡前安排按摩抚触能够很好地帮助宝宝建立睡眠周期，调节日夜周期规律。

促进生长发育，增强免疫力

肌肤接触是宝宝成长不可或缺的经历，甚至会影响宝宝的生理健康。有研究结果显示，新生儿经过抚触后，体重平均增加10%左右，并能降低患先天性贫血的概率，促进感官和神经发展。另外，越早抚触效果越好。

建立安全的亲子依恋关系

与拥抱、亲吻类似，抚触刺激宝宝甚至爸爸妈妈的大脑后叶产生催产素，能够消除紧张、焦虑的情绪甚至疼痛，使其获得平和安静的感觉。即便是对于月龄较大的宝宝，肌肤的接触依然能够起到消除紧张情绪的作用。另外，抚触可以加强宝宝与爸爸妈妈的眼神、言语交流，帮助宝宝获得安全感，发展对家长和外界的信任感。对于1岁以上，不愿意躺下睡觉的宝宝，爸爸妈妈也可进行抚触游戏和活动肢体，加深亲子依恋。

怎么样？按摩抚触是不是像一种神奇的药物，可以使宝宝放松、愉快、感受到爱意？那么具体应该怎么做科学的按摩与抚触呢？

按摩抚触的具体做法

准备工作：

①准备毯子、毛巾、婴儿油。

②在宝宝的皮肤上点一点测试油，并等待一天以确保没有刺激感。

③在宝宝处于安静、清醒的状态时开始按摩抚触，不要安排在喂奶或者宝宝困倦的时候。

④让宝宝双脚并拢坐在地板上，双腿形成菱形。

⑤将毯子盖在宝宝的脚上和腿上以保暖。

开始啦：

拿掉宝宝的尿布，将宝宝以仰卧位放在毯子上。爸爸妈妈以双手接触宝宝肌肤，从宝宝的头部到脚趾，轻柔地抚摸，“打招呼”。如果宝宝身体僵硬、哭泣或变得烦躁，请移至另一个身体部位或结束按摩。如果宝宝给你的回应还不错——微笑、放松、发出舒服的咕噜声，则开始逐段轻轻地按摩身体。

肚子

第一节：轻轻说“我爱你”

首先，在宝宝腹部左侧向下画字母 I。接着，在旁边画一个倒置的字母 L，代表 LOVE，最后在旁边画一个字母 U。

第二节：乾坤大挪移

以肚脐为中心，全手掌顺时针轻抚宝宝的肚子。一圈为一回合，4 ~ 8 个回合即可。

第三节：“推心置腹”

从宝宝的胸口，两手全手掌交替向下轻抚，以八拍为一组，做两组。

第四节：小船起波浪

将手水平放在宝宝肚子上，轻轻地左右摇动几次。**注意：如果宝宝的脐带尚未完全愈合，请避免按摩肚子。**

下肢

第一节：松松腿

抬起宝宝一只脚的脚踝，然后轻拍大腿使其放松。

第二节：蹬单车

将宝宝两腿交替往腹部蜷缩，以八拍为一组，做一组。这也有助于排气。

第三节：垂直抱腿式

垂直抱起宝宝双腿，挤压宝宝腹部，以八拍为一组，做一组。

第四节：拧毛巾

双手抓住宝宝大腿，双手轻轻朝相反方向旋转，就像在拧毛巾一样，逐渐从臀部到脚向下滑动。

脚底

第一节

用整只手从脚跟到脚趾抚摸宝宝的脚底。

第二节

在宝宝的脚底上，以拇指朝上的手势，从脚跟到脚趾进行按摩。

第三节

抚摸宝宝的脚的顶部。 轻轻挤压并拉动每根脚趾。

手

第一节

按摩宝宝的手掌，可用拇指，以打圈的方式，从宝宝的手根轻移到手指上。

第二节

从手腕到指尖抚摸手， 轻轻挤压并拉动每根手指。

头和脸

第一节：干洗头

双手抱着宝宝的头，用指尖按摩头皮，就像在洗头一样。**注意：避免接触囟门，这是宝宝头部上方最柔软的部位。**

第二节：眼耳口鼻按摩

用手指轻揉宝宝五官周围的肌肤。

背部

第一节：轻抚及耙动背部

将两只手放在宝宝的背上，从脖子的根部到宝宝的臀部来回抚摸及耙动。

第二节：捏脊

用指尖画小圆圈向下按摩宝宝脊柱的一侧，然后向上按摩。**注意：避免直接按压宝宝的脊椎。**

按摩抚触益处多多，但有些地方需要爸爸妈妈注意。

A. 按摩抚触前要清洁手部，使手部柔软。

B. 将按摩抚触纳入宝宝的日常计划。

C. 按摩抚触节奏需跟随宝宝发出的信号， 按摩可以持续 10 ~ 30 分钟，具体取决于宝宝的心情。

D. 帮助排气的动作适合给小月龄宝宝做，但一定要在宝宝吃奶半个小时后再做，不然宝宝会吐奶。

E. 当按摩抚触时宝宝出现肠绞痛，爸爸妈妈就要警惕宝宝是否是牛奶蛋白过敏，须及时就医排查。

F. 有些动作是利用压迫的原理，将宝宝肚子里的气压缩排出，宝宝出现放屁、排便现象，都是正常的，爸爸妈妈不用慌张。

简单易学的婴儿被动操示范

除了按摩抚触，专业儿科医生也建议爸爸妈妈经常给小宝宝做婴儿被动操，被动操能够很好地调节宝宝的肌肉张力，促进宝宝的动作发展，增强宝宝的免疫力。让我们一起看看被动操怎么做吧。

上肢

（准备动作：让宝宝仰卧，爸爸妈妈双手握住宝宝双手，把拇指放在宝宝手掌内，让宝宝握紧。）

第一节：两手胸前交叉

先让宝宝两手在胸前交叉，接着将宝宝两臂水平张开，最后在胸前交叉，做两个八拍。

第二节：伸展肘关节

向上弯曲宝宝左臂肘关节，还原，接着向上弯曲宝宝右臂肘关节，还原。每个动作为一节拍，左右交替，共做两个八拍。

第三节：肩关节运动

握住宝宝左/右手，以肩关节为支点，由内向外画半圆，做旋转肩关节动作。每个动作为四个节拍，左右交替轮换，共做两个八拍。

下肢

第一节：踩单车

宝宝仰卧，爸爸妈妈双手握住宝宝脚踝处，交替伸展膝关节，像踩单车一样，将宝宝的大腿压至腹部，再拉回还原。两腿轮流做两个八拍。

第二节：下肢伸直上举

宝宝仰卧，两腿伸直放平，爸爸妈妈两手掌心向下，握住宝宝两个膝盖，将宝宝下肢伸直上举 90 度，再慢慢还原，就像把宝宝下肢拎起来找东西一样。每个连贯的动作为一拍，共做两个八拍。

新生儿黄疸

宝宝黄疸，是不是都是生理性的？

新生宝宝由于胆红素生成较多、肝脏功能不成熟等特点，可能会出现一过性的胆红素升高，当胆红素升高到一定程度，我们可以观察到宝宝的皮肤或者巩膜（白眼仁）出现黄染现象，我们称之为新生儿黄疸。新生儿黄疸是新生儿期最常见的临床问题，超过 80% 的正常新生儿身上有皮肤黄染现象。

生理性黄疸通常有以下特点：

①宝宝一般情况良好。

②足月儿出生后 2 ~ 3 天出现黄疸，4 ~ 5 天达到高峰，5 ~ 7 天消退，最迟不超过 2 周。早产儿黄疸多于出生后 3 ~ 5 天出现，5 ~ 7 天达到高峰，7 ~ 9 天消退，最长可延迟到 3 ~ 4 周。

③血清胆红素每天升高 < 5 毫克 / 分升，或每小时 < 0.5 毫克 / 分升。

④未达到相应的光疗干预标准。

但是，并不是所有的宝宝黄疸都是生理性的。当宝宝的黄疸出现过早、进展过快、持续时间过长、越来越严重或者退而复现的时候要考虑病理性黄疸。如果出现病理性黄疸后不进行积极治疗，可能会引起胆红素脑病，导致宝宝的神经系统永久性损害和功能障碍，甚至造成宝宝死亡。这种情况需要家长高度重视，及时带宝宝就医。

如何在早期发现和识别病理性黄疸？

当宝宝的黄疸有以下几个特征时，可能是病理性黄疸，需要家长们高度重视，立即就医。

①黄疸出现过早（出生后 24 小时内即出现）。

②进展过快（每日上升 > 5 毫克 / 分升，或每小时 > 0.5 毫克 / 分升）。

③持续时间过长（足月儿 > 2 周，早产儿 > 4 周）。

④越来越严重（达到干预标准）。

⑤黄染现象减轻后又加重。

那么，当宝宝的黄疸值超过多少的时候需要考虑干预呢？通常情况下可以参考下表1-6：

表 1-6　不同出生日龄的足月新生儿黄疸考虑光疗的推荐标准

起始月龄	~1	~2	~3	＞3
总血清胆红素水平（毫克 / 分升）	≥6	≥9	≥12	≥15

除了遵医嘱定期到医疗机构对宝宝的胆红素水平进行监测，我们在家的时候也要每天观察宝宝的情况。观察宝宝有无黄疸，一定要选择在光线充足的地方进行，仔细观察宝宝全身皮肤、巩膜（白眼仁）有无黄染现象。因为黄疸一般先出现在新生儿的面部，然后向躯干、四肢发展，所以皮肤黄染的范围越大，说明黄疸越严重。但是由于宝宝的肤色深浅不一、家长的育婴经验可能不足等，目测观察黄疸可能会不准确。

除了观察黄疸的轻重程度外，家长还要注意以下几个问题：宝宝吃奶状态如何？体重增长情况如何？体温正常吗？大便颜色正常吗（有无颜色变浅）？尿量正常吗？睡眠质量好吗？家里的其他宝宝小时候黄疸严重吗？宝宝的足底血筛查结果正常吗？ 如果有不正常的情况，就建议到正规医院进行检查。

推荐家长们使用广州市新生儿黄疸三级协作管理平台——“婴儿黄疸随访”辅助程序，扫描下方二维码，关注广州妇儿中心儿童早期发展中心即可获得相关服务和使用手册推送。

怎样对宝宝的黄疸进行监测和治疗？

宝宝的黄疸监测

宝宝出院后，黄疸监测通常采用经皮胆红素水平（TcB）测定的方法，用测量仪在宝宝额头等部位扫描，就可测得胆红素大致水平，动态观察宝宝黄疸的变化，给治疗提供参考。当宝宝的经皮胆红素水平较高时，可能需要抽血检测血清胆红素水平（TsB）。每个新生宝宝在出院前都应接受一次胆红素水平测定，医生需根据监测值制订后续的治疗计划。

黄疸的治疗

目前光照治疗是治疗黄疸最常用、最有效的方法，病情较严重的宝宝可能需要换血治疗，但该治疗对技术环境的要求很高。以上治疗均需要在医疗机构进行。此外，一些药物也有辅助治疗的效果。

什么是光疗？

光照疗法简称光疗，是新生儿高胆红素血症的一种简单易行的治疗方法。目前最常用的光源是蓝光，波长为 425 ~ 475 纳米，效果最佳。光照后胆红素形成水溶性异构体，经胆汁和尿路排出。光疗常见的副作用有体温不稳定、皮疹、腹泻等，极少数宝宝会出现青铜综合征，即使出现副作用，大多数不严重，在停止光疗或对症治疗后就会好转。另外，进行光疗时要对眼睛、会阴部位进行遮挡。通常光疗需要一次连续数小时及间断反复数天照射才能达到疗效，通常需要住院治疗。

晒太阳能不能治疗黄疸？

太阳光包含各种不同波长的光，其中也有蓝光，所以晒太阳对降黄疸有一定的帮助。但光疗的效果与暴露的皮肤面积、辐照度以及持续时间有关，自己在家晒太阳，以上三点很难得到保证，对于需要快速降黄疸的患儿来说收效甚微。因此，对于需要光疗的患儿来说，晒太阳不能替代光疗。

吃妈妈的母乳也会引起黄疸吗？

和母乳喂养相关的黄疸有两种：一种是母乳喂养性黄疸，另一种是母乳性黄疸。

母乳喂养性黄疸

纯母乳喂养的新生宝宝出生后数天由于摄入母乳的量较少，胎粪排出延迟，使得经过胆汁排入肠道的胆红素吸收增加，导致宝宝的胆红素水平高于人工喂养的新生宝宝，甚至达到需要干预的标准。几乎 2/3 母乳喂养的新生宝宝都会出现这种黄疸。母乳喂养性黄疸宝宝通常伴随生理性体重下降 > 12%。母乳喂养性黄疸通常可以通过增加母乳喂养量和提高喂养频率缓解，其处理措施主要包括帮助妈妈实现成功的母乳喂养，确保新生宝宝摄入足量母乳，母乳不足时可以补充配方奶。

母乳性黄疸

母乳性黄疸通常见于纯母乳喂养或以母乳喂养为主的新生宝宝。黄疸多出现于宝宝出生1周后，在2周左右达到高峰，然后逐渐下降。如果继续母乳喂养，黄疸可延续 4 ~ 12 周；如果暂停母乳喂养，黄疸在 2 ~ 3 天明显消退。母乳性黄疸新生宝宝生长发育良好，需要排除其他非生理性高胆红素血症的原因。在通常情况下，当 TcB<257 微摩尔 / 升（15 毫克 / 升）时不需要停止母乳喂养，当 TcB>257 微摩尔 / 升（15 毫克 / 升）时可暂停母乳喂养 3 天，改人工喂养；当 TcB>342 微摩尔 / 升（20 毫克 / 升）时则需要进行光疗。母乳性黄疸宝宝若一般情况良好，没有其他并发症，则不影响常规预防接种。

需要注意的是，要判断宝宝的黄疸过高是否与母乳喂养相关，需要先排除其他的病理因素，同时与母乳喂养相关的黄疸也可能需要进行治疗，爸爸妈妈们要遵医嘱进行规范的诊治。

宝宝黄疸持久不退该怎么办？

大多数新生儿黄疸是生理性黄疸，一般不需要特殊治疗，大约 2 周会自行消退。在这期间需要密切观察宝宝的吸吮、精神和大便情况，如果发现异常，应该及时就诊。

一般的生理性黄疸在消退后是不会复发的，而病理性黄疸则相对比较难处理，比较常见的病理性黄疸的原因有溶血、感染、消化道畸形、母乳性黄疸等，不同情况造成的黄疸的表现特点不同。如果病因没有得到彻底的治疗，宝宝的黄疸就会反复出现。

如果家长发现自己的宝宝黄疸消退了又出现，或者持续不退，那就应该及时去医院检查，看看是否为病理性黄疸，在医生的帮助下，对病因进行诊治。

意外防护

宝宝一般在 3 ~ 6 月龄时学会翻身，先学会从仰翻到俯卧，然后隔几周或几个月，学会从俯卧的姿势翻到仰卧，即学会连续翻滚。一部分宝宝 3 月龄时开始会从仰卧位转为侧卧位的侧身。这个时候刚开始学翻身，有些宝宝翻不过来就被自己气哭，翻过来压住手又被自己气哭，爸爸妈妈要经常观察宝宝的行为，及时帮助宝宝解除“困境”。0 ~ 3 月龄的宝宝还不能有效地自己翻身或者扭头，但这个阶段宝宝的手已经能够到处摸东西了，如果宝宝的身边有一些够得着的悬挂 / 不悬挂玩具，宝宝可能会把玩具扯到身边或者被玩具缠住而无法绕开，这时最容易发生的意外就是**窒息**。

宝宝睡觉时，不管是白天的小睡还是晚上的彻夜睡眠，我们都建议尽量让宝宝仰卧（也就是背部平躺的姿势），因为这种睡姿对宝宝来说是最安全的，这个阶段由于宝宝脑部发育尚不成熟，当一些宝宝在睡眠中遇到呼吸问题时，可能无法及时醒来以摆脱危险，而仰卧的睡姿能帮助宝宝较好地保持呼吸通畅，可以减少“婴儿猝死综合征”的发生风险。一些患有胃食管反流病的宝宝也应该采用仰卧的姿势。当然，对于一些特殊情况，例如刚做过背部手术的宝宝，需要听取儿科医生的指导建议，采用适合宝宝的睡眠姿势。1 岁以下的宝宝建议睡觉时仰卧，这对半岁以内的宝宝尤其重要，因为这一阶段宝宝发生意外的概率最高。仰卧对于小宝宝很重要，但宝宝清醒的时候也应该在成人的看护下多练习俯卧抬头。

除了保证宝宝以仰卧的姿势入睡外，还要避免使用特别柔软的床褥、枕头、被子、棉垫、靠垫、抱枕以及一些柔软的填充玩具，如果宝宝将脸埋在这些物体中可能会阻碍口、鼻的呼吸通畅。尽量给宝宝使用专门的婴儿床，不要让宝宝与父母同睡一张床或者同盖一条被子，特别是在天气寒冷的季节与父母同床或同被子容易发生宝宝的口、鼻被被子堵塞的情况。所以在宝宝的睡眠区域不要放置柔软、松弛的物件。在宝宝睡觉的过程中，爸爸妈妈一定要定时观察宝宝的情况，检查宝宝是否呼吸顺畅，如果宝宝趴着睡着了，轻轻地帮宝宝纠正睡姿，让他仰卧睡眠。

最后还要提醒一下爸爸妈妈们，母乳喂养时（特别是夜间）妈妈需要调整好姿势，避免由于哺乳姿势不正确，乳房堵塞宝宝的口、鼻造成意外；或者由于家长疲劳，熟睡时手臂或身体堵住宝宝的口、鼻、耳造成意外。

预防接种基础知识

？宝宝为什么要接种疫苗

预防接种，是用人工方法将抗原或免疫效应物质输入机体内，使机体通过主动免疫或被动免疫的方法获得对某种传染病的预防能力。

宝宝出生时，可以从妈妈那里获得一定的抗体，保护他们免受细菌、病毒等的袭击。但随着宝宝年龄增长，他们从妈妈那里获得的抗体慢慢减弱甚至消失，这时他们感染传染病的概率增大。而有些传染病，如乙肝、小儿麻痹症等，一旦感染上将严重危害宝宝的身体健康，甚至导致他们终身残疾、死亡。

疫苗的发明是人类预防疾病发展史上的里程碑。疫苗在人类防治传染性疾病中发挥了不可磨灭的作用，不给宝宝接种疫苗，等于让宝宝“裸奔”。接种疫苗是预防控制传染病最经济、最有效的手段。

？疫苗预防疾病的原理是什么

疫苗是将病原微生物（如细菌、病毒等）及其代谢产物，经过人工减毒、灭活或利用基因工程等方法制成的用于预防传染病的自动免疫制剂。疫苗保留了病原微生物刺激机体免疫系统的特性，接种疫苗就相当于让机体接触这种不具致病力的病原微生物，在不伤害机体的情况下，疫苗刺激免疫系统产生一定的免疫保护物质——抗体，使机体产生针对疾病的免疫力。一旦相关的病毒、细菌侵入机体，免疫系统便会依据其原有记忆，制造更多的抗体来阻止病原微生物的伤害，从而保护机体。

？第一类疫苗和第二类疫苗是怎么回事

第一类疫苗，现在称为免疫规划疫苗，是指政府出资免费向公民提供，公民应当依照政府的规定接种的疫苗。目前此类疫苗以儿童常规免疫疫苗为主，包括乙肝疫苗、卡介苗、脊灰灭活疫苗与减毒活疫苗、无细胞百白破疫苗、白破疫苗、麻疹疫苗、麻风疫苗、麻腮风疫苗、甲肝疫苗、A 群流脑疫苗、A+C 群流脑疫苗和乙脑疫苗等，此外还包括重点人群接种的出血热疫苗和应急接种的炭疽疫苗、钩体疫苗。

第二类疫苗，现在称为非免疫规划疫苗，是指由公民自费并且自愿接种的其他疫苗。常见的有水痘减毒活疫苗、乙脑灭活疫苗、口服轮状病毒疫苗、A+C 群流脑结合疫苗、甲肝灭活疫苗、流感疫苗、肺炎疫苗、狂犬病疫苗、b 型流感嗜血杆菌疫苗等。

注意!

第二类疫苗中有可替代第一类疫苗的选择，比如，乙肝疫苗属于第一类疫苗，但进口的乙肝疫苗就属于第二类疫苗。自费的乙脑灭活疫苗、A+C群流脑结合疫苗等也可以替代第一类疫苗。

第二类疫苗是对第一类疫苗的重要补充，大家可以结合家庭经济状况和个人身体素质，为儿童、老人和自己选择第二类疫苗。

？家长如何选择免疫规划疫苗和非免疫规划疫苗

优先选择免疫规划疫苗。

有免疫规划疫苗接种禁忌的儿童，可接种有同种预防功效的非免疫规划疫苗。如儿童有免疫功能缺陷或正在接受免疫抑制剂治疗时不能接种减毒活疫苗，可选择非免疫规划疫苗中有同种预防作用的灭活疫苗来代替。

选择有免疫规划疫苗中没有涵盖的抗原成分的非免疫规划疫苗做补充，给儿童提供更多的保护。如世界卫生组织极力推荐的肺炎链球菌疫苗、b型流感嗜血杆菌疫苗；还有一些国际上已广泛使用的疫苗，如水痘和带状疱疹疫苗、预防重症手足口病的EV71疫苗等。

国产疫苗和进口疫苗二者质量上没有本质区别，不同之处可能是生产工艺、疫苗的抗原成分和含量以及疫苗的适应证和禁忌证。家长可根据自身实际情况选择。

推荐接种联合疫苗，特别是在特殊原因导致儿童疫苗延迟接种或疫苗漏种的情况下，联合疫苗能发挥很强的优势。

非免疫规划疫苗是根据我国政府可投入的公共卫生资源现况暂时无法纳入免疫规划范畴的疫苗，但能为经济承受能力许可的家庭提供更多选择。

？宝宝接种疫苗，家长需要注意什么

在接种前应向接种人员如实提供宝宝的健康状况，以便工作人员判断是否可以接种。

接种前，家长可给宝宝洗一次澡，保持接种部位皮肤清洁，但要注意避免受凉感冒，换上宽松柔软的内衣。

每次预防接种前均不要忘记携带儿童预防接种证。

接种前到指定接种点进行接种，向医生说明宝宝的健康状况。如果宝宝身体不适或患有急性慢性疾病、严重营养不良，或有发热、腹泻、过敏史以及有免疫功能缺陷，近期使用过丙种球蛋白、免疫抑制剂、糖皮质激素类药物等，都应如实告知医生。

接种疫苗后，应在接种门诊留观30分钟，无不良反应后再离开。如果出现不良反应，应及时向接种人员报告。

接种后，家长要注意观察，让宝宝多休息。有时宝宝会出现轻微发热，1 ~ 2 天可自行缓解。有些疫苗接种后宝宝的接种处还会出现轻度硬结，可采用热敷的方法加快消散，注意要用温度适宜的干净毛巾局敷，并要防止烫伤。如发现高热不退、全身皮疹或其他异常反应需及时到医院治疗，并将反应情况告知预防接种单位。

? 为什么接种疫苗会出现不良反应

疫苗对于人体毕竟是异物，在诱导人体免疫系统产生对特定疾病的保护力的同时，由于疫苗的生物学特性和人体的个体差异（健康状况、过敏性体质、免疫功能不全、精神因素等），极少数受种者在获得免疫保护的同时不可避免地会出现一些除正常有益的免疫反应以外的其他不利于机体的反应。

有少数受种者会出现不良反应，其中绝大多数可自愈或仅需一般处理，如局部红肿、疼痛、硬结等局部症状，或有发热、乏力等症状，不会造成受种者机体组织器官、功能损伤。仅有少部分人可能出现异常反应，发生率极低，但不良症状相对较重，多需要临床处置。

国务院《疫苗流通和预防接种管理条例》第四十六条规定：因预防接种异常反应造成受种者死亡、严重残疾或者器官组织损伤的，应当给予一次性补偿。

? 疫苗能不能延迟接种

疫苗延迟接种在国内外都并非罕见现象。常见的延迟接种的原因包括宝宝疾病状态、家长担心副作用、不了解免疫程序等，如果长期延迟或未完成加强免疫程序可能导致宝宝免疫失败。对于疫苗的短期延迟，国内外研究结果显示，在一定时限内延迟接种对疫苗安全性和有效性的影响是有限的。

0~3 月龄宝宝必须接种的疫苗及接种时间

0 ~ 3 月龄的宝宝必须接种的疫苗有以下几种。

（1）**卡介苗**。一般在宝宝出生 24 小时内接种。如果出生后没有接种，未满 3 月龄（90 天以内）可以直接补种；3 月龄 ~ 4 岁的儿童需要先做 PPD 皮试（结核菌素试验），皮试结果为阴性则需要补种，结果为阳性则不需要补种；超过 4 岁（含 4 岁）不建议补种。

（2）**乙肝疫苗**。出生后医院会尽快给宝宝接种首针乙肝疫苗；宝宝满月时家长应及时带宝宝到当地的社区卫生服务中心接种第二针乙肝疫苗。

（3）**脊髓灰质炎灭活疫苗**。在宝宝 2 月龄、3 月龄时分别接种一剂次脊髓灰质炎灭活疫苗（IPV）。

（4）**百白破疫苗**。在宝宝 3 月龄时接种。

（5）**乙肝免疫球蛋白**。感染乙肝的妈妈所生宝宝出生后应尽快接种乙肝免疫球蛋白，让宝宝迅速获得被动免疫，以降低乙肝母婴传播风险。

可供选择的第二类疫苗

可供0～3月龄宝宝选择的第二类疫苗及其可预防的疾病如表1-7所示。

表1-7　可供0~3月龄宝宝选择的第二类疫苗及可预防的疾病

起始月龄	第二类疫苗名称	可预防的疾病
1.5月龄	五价口服轮状病毒疫苗（进口）	血清型G1、G2、G3、G4、G9导致的婴幼儿轮状病毒胃肠炎
	13价肺炎球菌结合疫苗	13种血清型肺炎球菌引起的疾病
2月龄	AC群脑膜炎球菌（结合）b型流感嗜血杆菌（结合）联合疫苗（AC－Hib）	A群和C群流脑及b型流感嗜血杆菌引起的脑膜炎、肺炎、败血症、会厌炎、蜂窝组织炎等
	Hib疫苗	b型流感嗜血杆菌引起的脑膜炎、肺炎、败血症、会厌炎、蜂窝组织炎等
	口服轮状病毒疫苗（国产）	血清型G1导致的婴幼儿轮状病毒胃肠炎
	DTaP－IPV/Hib五联疫苗	百日咳、白喉、破伤风、脊髓灰质炎、b型流感嗜血杆菌引起的脑膜炎
3月龄	DTaP－Hib四联疫苗	百日咳、白喉、破伤风及b型流感嗜血杆菌引起的脑膜炎、肺炎等
	A群C群流脑结合疫苗	A群和C群流脑

挑选婴儿奶粉的常见误区

误区一：不喝含 DHA 的奶粉宝宝会智力下降或低下

DHA 对宝宝的发育确有益处，但对于正常生长发育的婴幼儿来说，只要合理膳食，供给其人体必需的脂肪酸，如亚油酸和亚麻油酸等，这些脂肪酸就能够在体内合成 DHA 等长链不饱和脂肪酸，满足婴幼儿需要。因此，不喝含 DHA 的奶粉并不意味着宝宝会智力下降或低下。

误区二：奶粉蛋白质含量越高越好

母乳蛋白质含量为每 100 毫升 1.5 克，牛乳蛋白质含量为每 100 毫升 3.3 克，牛乳蛋白质含量是母乳蛋白质含量的 2 倍多，但母乳中蛋白质的含量最有利于保证婴儿生长发育所需，因此不是蛋白质含量越高越好，过高的蛋白质含量还会加重宝宝的肾脏负担，对宝宝肾脏有潜在的损害，另外还需考虑各类蛋白质的比例适当。

误区三：奶粉营养成分越多越好

每个年龄段婴幼儿都有一定的身高、体重标准，只要达到了，就说明宝宝身体基本健康。如果宝宝已经超重了，过多的营养成分反而对其健康不利，容易导致肥胖等问题。因此，并不是营养价值越高的奶粉越适合宝宝，而是要针对宝宝年龄段和个体需求，选择最合适的，才是最好的。

误区四：太在乎差距微乎其微的营养配比

很多家长太关注奶粉罐上标注的配方营养比重，纠结其中一两种含量的高低，如蛋白质含量高 0.1 克，某种维生素或矿物质低 0.01 单位，其实无论是进口奶粉，还是国产奶粉，营养成分配比都大致与母乳接近，而且对于 6 个月以上的婴儿，还可添加辅食补充营养，所以不必太纠结某一种营养成分含量是略高还是略低。

误区五：羊奶配方奶粉比牛奶配方奶粉营养价值高，且不会过敏

羊奶配方奶粉与牛奶配方奶粉确实存在一些区别，但运用现有工艺技术制成的配方奶粉，其营养成分配比都大致与母乳接近，所以，两者差不多，没有优劣之分。不管是羊奶粉还是牛奶粉，适合宝宝的才是最好的。羊奶配方奶粉中含有 αs1- 酪蛋白和 β- 乳球蛋白，蛋白不耐受的宝宝摄入这两种蛋白后也会出现过敏症状。所以，部分宝宝喝婴儿羊奶粉也是会过敏的。

0～3月龄的宝宝需要喝水吗

美国儿科学会建议，6个月内的宝宝无论是纯母乳喂养、纯配方奶喂养，还是母乳和配方奶混合喂养，不管天气热不热，一般都不需要额外喝水。对于喝母乳的宝宝，母乳中70%以上都是水，这是宝宝补充水分的最佳选择。而对于喝配方奶的宝宝，按规定比例冲调的配方奶中的水分跟母乳是差不多的，可以满足宝宝对水分的需求。

6月龄以内的宝宝的胃就像乒乓球那么小，胃容量有限，水很容易填满宝宝的胃，几十毫升的水就能让宝宝喝撑了。原本宝宝胃里需要装奶的位置，装了水，便会干扰宝宝从母乳或者奶粉中吸收营养。久而久之，营养跟不上，就会影响宝宝的生长发育。

当宝宝因为腹泻、感冒发热丢失水分的时候，可以适当补充水分。如果出现严重的腹泻，需要在医生指导下，给宝宝补充口服补液盐，补充丢失的水分和电解质。

宝宝要去游泳吗

目前还没有证据证明不满1岁的宝宝学游泳是安全的，也没有证据证明这么大的宝宝学游泳能预防溺水，所以美国儿科学会不推荐1岁以下的宝宝正式学游泳。当然如果宝宝喜欢，大人带着玩玩水是可以的。在条件允许的情况下，尽量选择卫生条件好一点的泳池。大部分宝宝到了4岁就达到可以游泳的标准，美国儿科学会支持4岁及以上的宝宝学游泳。

特别需要提醒的是，婴儿脖子相对较短，使用颈圈可能影响宝宝的整个脊椎，特别是影响颈椎的发育。因此，对于不满1岁的婴儿，不建议戴颈圈游泳。

宝宝鼻塞、流鼻涕、打喷嚏就是感冒，必须吃药

宝宝偶尔鼻塞、流鼻涕，这是生活中最常见的一种情况。刚出生不久的小婴儿，由于鼻道还相对狭窄，鼻黏膜血管丰富，在外界环境冷热变化的刺激下，如夏季将室内空调温度调得比外面的气温低很多，秋冬、春夏季节气温变化比较大的时候，宝宝的鼻黏膜血管容易出现扩张、收缩，流清鼻涕，鼻涕慢慢干了后变成鼻痂而堵塞了鼻道。除此之外，感冒、急性鼻炎、异物堵塞等也可能引起鼻塞、流鼻涕。

一般的鼻塞、流鼻涕，还伴有发热或者咳嗽等症状，很可能是普通感冒或流感引起的。只要宝宝精神状态好，还能正常吃饭、睡觉、玩耍，一般不需要吃药。爸爸妈妈可以做的，就是尽量让宝宝更舒服一点。

如果出现下面几种情况就需要去医院了：

①孩子鼻涕很多、颜色澄清，这时需要考虑可能是伤风感冒了，应该及时就医。

②孩子一侧鼻腔流出的鼻涕有臭味、带血丝，有可能是鼻子里有异物。

③新生儿鼻塞时间长，若用过一些办法无效，应请耳鼻喉科医生会诊。

④孩子鼻塞的程度逐渐加重，影响呼吸、进食等，应该及时就医。

要把宝宝的双腿束直吗

不知道你有没有注意到，民间有给婴儿绑腿的习惯，宝宝一生下来，家长就把宝宝的两腿拉直然后用布带捆好，认为这样就可以预防 O 形腿或 X 形腿，宝宝的腿就会变得又长又直。可是这种做法真的科学吗？在此，小熊医生特别提醒各位家长：婴儿绑腿不能让腿变直，反而有害。

宝宝在出生前，蜷缩在妈妈狭小的子宫内，腿会长时间保持轻微的弯曲。在宝宝出生后的几个月内，仍然会保持双腿弯曲或是向内交叉的姿势，看起来像 O 形腿。通常，大多数宝宝在 2 ~ 3 岁时，O 形腿会消失。

绑腿不仅会让宝宝极度不舒服，还会影响宝宝四肢的血液循环，造成外伤。有很多新生儿由于手脚被布条等物品捆绑而四肢淤青，甚至由于长期血液不循环而面临截肢的危险。强行绑腿，还会影响宝宝骨骼和关节的发育，甚至造成宝宝髋关节脱位。家长想要预防宝宝罗圈腿可以经常把宝宝的腿拉直并揉一揉。另外，不要让宝宝太早站立，这样腿部承重过早，腿型容易不直。总之，千万别再盲目地给宝宝绑腿啦！

孩子的马牙要挑破吗

有些新生儿在口腔上颚中线两侧和齿龈边缘，会出现一些芝麻大小、数目不一、黄白色的小点，很像是长出来的牙齿，俗称马牙。

医学上把马牙叫作上皮珠，它是由上皮细胞堆积而成的，是正常的生理现象，马牙并不影响宝宝吃奶和乳牙的发育，通常在出生后的一两周左右即会逐渐脱落，通常是不需要治疗的！

宝爸宝妈注意了，不要自行为宝宝挑破马牙，因为宝宝的口腔黏膜很薄且毛细血管丰富，如出现破口容易引起感染，甚至造成败血症。

宝宝眼部分泌物怎么处理

在新生儿期，宝宝眼睛会有少量分泌物，呈透明或者白色状。

若发现宝宝眼部分泌物增多或宝宝经常眼泪汪汪，则代表宝宝的眼睛可能有病理问题，家长需要重视并进行正确、及时的处理。引起宝宝眼睛异常流泪、眼屎增多，可能是结膜炎，也可能是泪囊炎、鼻泪管狭窄或堵塞等。

护理方法

①经阴道分娩的新生儿，出生后最初 3 天可给宝宝滴抗生素眼药水预防眼炎。

②如果宝宝眼睛分泌物较多以及有脓性分泌物，用生理盐水棉签擦拭，及时清除眼睛分泌物。

③如果宝宝眼睑红肿不易张开，禁止用强力撑开眼睑。

④宝宝眼部禁忌热敷，以免造成炎症扩散。

⑤将宝宝放下睡觉时，应朝患眼侧睡，避免患眼的分泌物流下污染健康眼睛。

提醒：症状无改善或加重应及时就医。

宝宝哭了就要喂奶吗

通过宝宝不同的哭声和哭的表现，家长可以判断宝宝“为什么哭”。比较常见的是宝宝饥饿的时候，哭声通常不急不缓，很有节奏，同时小嘴做出吮吸的动作，小脑袋左右转动。如果不能立刻吃到奶，哭声常常会越来越洪亮，仿佛在说：“妈妈你在哪儿呀，我饿了！”

如果宝宝的哭声中透着不耐烦，而且一边哭一边打哈欠，双手不停地揉搓鼻子和眼睛，那就是在提醒你：“妈妈，我困了。”当宝宝尿布湿了而感到不舒服的时候，也会哭泣。宝宝吃饱睡足后，会发出一种声音较轻的哭声，这种哭通常没有眼泪，但是宝宝双眉紧锁、身体扭动、双腿蹬被，有时还会小脸涨红做用力状，若是没有人及时应答他，哭声会慢慢停止。

如果发现宝宝面色潮红、舞动四肢、不停哭泣，可能是宝宝衣服穿多了而导致的哭泣。

和感觉太热不同，当宝宝觉得冷时，他会发出轻微乏力的哭声，肢体不太动，甚至身体蜷缩，嘴唇发紫，小手、小脚冰凉。

当宝宝因为需要爱抚或哄抱而哭的时候，哭声常常很平缓，宝宝一看到妈妈，哭声就立刻变小，乞求地望着妈妈哼哼，一旦发现妈妈没有反应，哭声又变得越来越洪亮，这就是典型的“求关注”了。

以上是宝宝哭泣的常见原因。家长还是需要综合宝宝吃奶情况、哭泣次数和程度、是否能安抚，来判断宝宝有没有异常情况，必要时需要及时到医院请专业的医生判断。

新生儿可以洗澡吗

新生儿洗澡可以清洁身体，洗澡还有助于加速血液循环、促进新陈代谢，对宝宝能够起到促进发育的作用，但是要注意保护脐带。

在给宝宝洗澡前爸爸妈妈要先用手腕内侧的肌肤测试水温，最佳水温是 35 ~ 37 摄氏度。

室温也很重要，一定要记得，室温不要低于 24 摄氏度，防止小宝宝受凉。

宝宝的洗澡时间不宜过长，最好控制在 10 分钟以内，避免宝宝的敏感肌肤受刺激。

注意事项

新生儿的脐带尚未脱落，应上下身分开洗，以免弄湿脐带，引起炎症。

宝宝满月要剃光头吗

给宝宝剃光头这事，家长还真的不能太着急。宝宝皮肤薄嫩，对刮剃刺激较为敏感，在剃头后容易出现局部发红，甚至形成风团。且宝宝往往难以安静地配合剃头，万一扭动、挣扎，普通剃刀容易伤着宝宝。

实际上，宝宝头发的多少、粗细、颜色以及长得快与慢，取决于遗传、营养以及宝宝的身体健康状况等多方面因素，和剃光头并没有直接的关系。家长可以根据宝宝头发生长情况来判断宝宝的理发时间，有的宝宝头发长得早，3 ~ 4 月龄就需要理发，有的宝宝长得晚，2 岁以后才需要理发。宝宝的理发时间，可以由家长根据宝宝头发生长速度自行把握。

宝宝睡觉需要枕头吗

正常成年人的颈椎曲度是向前凸的，躺下后颈椎和床面之间有个间隙。如果没有枕头，我们在平躺的时候，颈椎由于前屈会处于紧绷的状态，这样会压迫气道，造成呼吸不畅。枕头的作用就是填上这个间隙，保持正常的生理弯曲，这样整个颈背部肌肉都松弛了，我们才能感觉舒服。

0 ~ 3 月龄的宝宝还未形成颈椎生理性弯曲，颈椎并不是向前凸的，这个阶段给宝宝使用枕头反而会令他不舒服。宝宝到了 3 ~ 4 月龄，头部竖立稳定后，其颈椎开始向前弯曲，但幅度不大，可以不使用枕头。

宝宝多大可以使用枕头？对于这个问题，各国的推荐不尽相同。美国儿科学会在《2016 年安全婴儿睡眠环境指南》中建议：不要给 1 岁以内的宝宝使用枕头。另外为了预防宝宝猝死综合征，不要在婴儿床上放置枕头、毛绒玩具等物品。也有儿科专家建议 2 岁左右再给宝宝使用枕头。

我们的建议是看宝宝的具体情况。如果宝宝觉得睡枕头舒服就给宝宝枕头，但最好是 1 岁以后再给孩子使用。家长可千万别强迫宝宝使用枕头，更不要因为听说“用某种填充物的枕头能枕平后脑勺”，而特意给宝宝用硬的枕头。

4～6 月龄

职场妈妈的母乳喂养技巧

职场妈妈如何储存和处理母乳？

职场妈妈可以在工作休息时间利用吸奶器排空乳房的乳汁。储存乳汁的容器目前市售的有储奶瓶和储奶袋。储奶瓶一般是可以消毒、重复使用的；储奶袋是一次性的。储奶袋的价格相对较低，可以多准备一些，可用于较长时间存放母乳；而储奶瓶可以在短期（1 ~ 2 天）存放母乳时使用。妈妈们可以根据个人习惯来选择。不管使用何种容器存放母乳，应注意每次保存的量要和宝宝每次的喂养量差不多，以免浪费，还要记得在瓶子或者袋子上，标记好挤奶日期。

挤出的母乳应妥善保存在冰箱或者冰包中。妈妈可将母乳短期（ < 72 小时）贮存于冰箱冷藏室(≤ 4 摄氏度)，或将富余的母乳长期(< 3 个月)贮存在冰箱冷冻室(< -18 摄氏度）。冷冻室的东西不要放太满，也不要把乳汁放在靠近冰箱门的位置，尽量放里层。临用前用温水加热至 40 摄氏度左右即可喂哺，避免用微波炉加热母乳。

职场妈妈如何让宝宝习惯奶瓶喂养？

让宝宝接受奶瓶喂养也是坚持母乳喂养的必经之路，刚开始，由家里人帮助用奶瓶喂，而且喂奶地点也不要在妈妈亲喂母乳的位置，这样能让宝宝更容易接受奶瓶喂养。

初次尝试用奶瓶喂养宝宝有几个要点

①时间：在宝宝正常吃奶后 1 ~ 2 个小时进行，因为这个时候宝宝有兴趣去尝试新的喂食方法，如果等宝宝太饿才喂食，宝宝会因为对母乳的迫切需求，而对新的食物感到失望和慌张，不利于接受这种新的喂食方式。

②量：15 毫升左右。

③喂养者要保持冷静和平和，如果喂养者很紧张，宝宝也会感受到这种氛围，你可以保持微笑，播放舒缓的音乐，帮助宝宝放松。

④开始前可以在宝宝的嘴唇或舌头上滴上一点熟悉的母乳，让他用嘴去探索奶嘴，然后慢慢地、轻轻地把奶嘴插入他的嘴里，而不是迅速、粗暴地塞进去。

⑤如果他表现出对奶瓶情绪不高或者超过 10 分钟依然没有开始吸吮就放弃这次尝试，第 2 天继续，不要强迫宝宝，更不要表现出很失望的情绪。

如果经过几天的尝试，宝宝依然不肯接受奶瓶，那么这时候就需要尝试更换奶嘴或者奶瓶。

奶嘴： 对于使用安抚奶嘴的宝宝，要尽量选择和安抚奶嘴相似的奶嘴。如果宝宝不吃安抚奶嘴，那么妈妈就多尝试几种不同的奶嘴，当然，质地越柔软，越接近妈妈的乳房，宝宝就越容易接受。

奶瓶： 可以从奶瓶逐渐过渡到吸管杯、嘬饮杯、敞口杯，让宝宝不断地尝试，不要自认为宝宝太小不能用杯子。

当宝宝对这种替代的喂养方式表现出接受的迹象后，就可以加量，在两餐之间，宝宝饿的时候给他用奶瓶喂食母乳。慢慢地，可以用奶瓶盛装母乳来代替乳房喂养母乳，这个时候职场妈妈就可以放心地去上班了。

如何使用吸奶器和背奶包？

吸奶器分为手动型吸奶器、电动型吸奶器两类。手动型吸奶器又分为按压式和简易式（如皮球吸式和针筒式）；电动型吸奶器又分为刺激奶阵式和不可刺激奶阵式，还分为单泵和双泵。一般来说，电动型吸奶器价格贵些，但省时省力；手动型吸奶器价格便宜，但是非常吃力。双泵的吸奶器可以更高效地吸奶，节约时间。部分电动型吸奶器可以使用电池，即使在外出没有电源插座的房间里，也可以使用吸奶器。妈妈们可以根据自己的需求选择。

使用吸奶器时需注意

吸奶器需具备适当的吸力；使用时乳头没有疼痛感；能够细微地调整吸奶的压力。使用完吸奶器要拆除各个部件，及时清洗，用清水或奶瓶清洁剂洗净，随后要放入消毒柜进行消毒。下次使用吸奶器前，妈妈要洗净双手，再按照说明书的要求组装好吸奶器，即可将其用于吸奶。

背奶包可以帮助妈妈们在上下班路上运输母乳。使用之前，先将其配件的蓝冰（冷却剂）或冰袋放入冰箱冷冻，然后取出作为冷藏工具使用；将盛有奶液的储好瓶或储奶袋放进装有蓝冰或冰袋的背奶保温包，便可进行冷藏保存，且便于携带；放置在背奶保温包里超过 10 小时的母乳，如需继续贮存，应考虑移送冰箱。

4～6月龄宝宝应摄入多少奶量？

4～6 月龄的宝宝每天喂奶 4～6 次，每次奶量 120～180 毫升，每天总奶量 700～1000 毫升，可以采用定时喂养的方法喂养此阶段的宝宝，夜间可能还需要哺乳 1～2 次。如果宝宝每天 5 次奶量已达到 900 毫升，代表宝宝有能力接受其他食物。

如何保证奶量不会骤减？

不少妈妈上班后发现自己的奶量明显减少，当中可能有多方面的原因，如工作时间、工作强度、压力、工作条件等。在外部条件较难改变的情况下，哺乳期的妈妈可以尝试做好以下几点：

（1）**保证每日均衡饮食，摄入充足的能量。**可以带一些健康的小食，如水果、坚果、鸡蛋等，以缓解上班期间的饥饿。

（2）**保证上班期间吸奶次数。**奶水供应减少是职场妈妈普遍存在的问题，通常是吸奶时间、次数不够导致的，当然，吸奶器对于刺激泌乳的作用不及宝宝，但上班期间勤快地吸奶还是可以维持一定的母乳量。尽量要每 4 个小时吸奶一次。每次至少要吸 15 分钟。即使乳房已经没有乳汁流出来了，依然要吸够时间。使用电动型双泵的吸奶器可以提高吸奶效率，节约时间。在家休息时要多亲喂，尽量每 2 ~ 3 个小时亲喂一次。只要宝宝表现出对母乳的兴趣，即使只是为了安抚，也要坚持亲喂。

（3）**哺乳期要多喝水，多喝汤，保证食物中热量和蛋白质充足。**除此之外，还要多休息，泵奶和哺乳期间要尽量放松，这样有利于乳腺泌乳。

添加辅食的方式、技巧和注意事项

添加辅食的时间点怎么选？

给宝宝添加辅食是宝宝生长过程中的重要里程碑，但是家长们常常对添加辅食的时间无所适从，现在就介绍一下添加辅食的时间点怎么选。

宝宝出生时对蛋白质、脂肪、乳糖的消化吸收能力好，但是碳水化合物（米和面等）等淀粉样食物的淀粉酶要 3 月龄以后才能消化，所以不主张在宝宝 4 月龄前添加辅食。 而对于宝宝口腔的吞咽咀嚼运动来说，6 月龄前的宝宝还不能完全控制舌头的运动，常把食物推出口腔。6 月龄时，宝宝口腔的神经肌肉逐渐发育完善，宝宝能够更好地控制舌头、口腔，并开始做上下“咀嚼”运动。4 ~ 6 月龄的宝宝已能扶坐，俯卧时能抬头、挺胸，用两肘支撑起胸部，能有目的地将手或玩具放入口内，伸舌反射消失。当小勺触及口唇时婴儿会张嘴、吸吮，可以吞咽稀糊状的食物。6 月

龄后母乳或奶粉提供的能量和营养素与宝宝的需求量相比，开始出现差距，所以需通过辅食来补充足够的能量和营养素，避免出现生长发育迟缓、营养不良和微营养素缺乏等情况，还需通过添加辅食来锻炼宝宝的咀嚼吞咽能力。因此，对于大多数宝宝而言，满6个月是开始添加辅食的好时机，过早或过晚添加辅食，对于宝宝的生长发育都不利。

如何挑选适合宝宝的婴儿米粉？

挑选适合宝宝的婴儿米粉也是考验家长的技术活，市场上婴儿米粉种类较多，挑选时遵循一定的原则就可以了。不同阶段的宝宝适合的婴儿米粉如表2-1所示。

表2-1 不同阶段的宝宝适合的婴儿米粉

阶段	品种和特点	注意事项
初期阶段。这个时期是适合开始添加婴儿米粉的时期	成分单一的强化铁类产品，口味清淡，如原味营养婴儿米粉，成分仅含单一谷类、强化营养素，不添加糖分	对于小麦、牛奶蛋白等过敏的宝宝，家长在挑选时应看清成分；另外喜欢“海淘”的家长应仔细研究国外婴儿米粉添加“铁”剂等的含量，部分产品含量远高于国内限定标准
适应阶段。这个时期宝宝已经完全接受婴儿米粉，且一天至少要添加米粉两次	两种谷类成分混合，主要以“谷类＋蔬菜＋奶类”或“谷类＋肉类＋奶类”或“谷类＋水果＋奶类”搭配为主	这些成分适合不对奶粉蛋白过敏的宝宝，如果宝宝是过敏性体质，应谨慎挑选奶类产品
稳定阶段。这个时期宝宝已经开始接受肉、菜、粥等其他固体食物，婴儿米粉可作为其中一顿	食物的口感较为粗糙，由两种以上谷类成分混合，主要混合有糙米、杂粮等成分，同时添加各种其他食物成分，以及益生元、DHA等强化营养素	婴儿米粉的制作工艺以及成分适合胃肠道成熟、有一定消化吸收能力的宝宝，同时可用于锻炼宝宝接受粗糙食物

蔬菜、水果及肉类，有没有一定的添加顺序？

蔬菜、水果及肉类都是宝宝食物清单中不可缺少的部分。当宝宝的肠道适应了婴儿米粉，先吃蔬菜还是水果是家长经常纠结的问题，宝宝没有长牙就不能吃肉也是传统中国家庭普遍认同的观点。而事实上只要宝宝的肠道可以消化吸收，这三类食物都可以按照宝宝的喜好给他尝试。在添加辅食初期，让宝宝尝试接受各类各色食物的味道或口感是最重要的。

中国营养学会《7 ~ 24 月龄婴幼儿喂养指南》建议应从富含铁的泥糊状食物开始添加，逐步添加达到食物多样，辅食不加调味品，尽量减少糖和盐的摄入，注重饮食卫生和进食安全。在换乳期，应首先为母乳喂养宝宝引入的食物是添加配方奶和强化铁的谷类食物，为人工喂养宝宝引入的食物是添加强化铁的谷类食物；其次是蔬菜、水果补充维生素、矿物质；最后添加肉类食物。

小心会染色的食物，哪些食物会让宝宝变成“小黄人”？

在选择辅食的时候，有些爸爸妈妈会长期在制作辅食时添加某种食材（如胡萝卜），宝宝长期大量食用以后，面色、手心和掌心就会变黄，这让家长惊慌不已，不确定是不是宝宝肝功能出现问题导致的黄疸。长期不间隔食用含有染色性的天然食材，如富含β-胡萝卜素的食材（包括胡萝卜、番薯、木瓜等），会让宝宝肤色变黄，但不影响他们的健康。只要停用这些食物，宝宝的肤色就会正常了。

如何帮助宝宝接受辅食？

宝宝出生以后有着一个与生俱来的本能反射，医学上称之为挺舌反射。很多宝宝在小月龄时会伸出舌头阻挡固体食物的进入，防止宝宝在没有能力摄入固体食物前发生窒息。当爸爸妈妈给宝宝添加辅食时，如果发现宝宝反复用舌头顶出勺子，那说明他还没有准备好接受辅食。我们鼓励家长们在辅食添加准备期间每天用勺子喂以少量辅食让宝宝适应，让他锻炼吞咽咀嚼的能力。研究表明，婴儿需要尝试七八次后才能接受一种新的食物，而幼儿需要尝试 10 ~ 14 次后才能接受新的食物。当婴幼儿拒绝某种新的食物时，父母或喂养者要有充分的耐心，反复尝试。鼓励婴幼儿尝试各种不同口味和质地的蔬菜和水果，可增加其在成长期的蔬菜和水果摄入量。

有这样一类宝宝，他们也可以接受少量辅食，但是他们只愿意接受细腻的稀糊状食物，如果食物稍粗糙就会出现恶心、呕吐的现象。这些宝宝由于口咽部发育敏感往往会出现辅食添加进度缓慢、辅食摄入量较少的情况。如果在辅食添加关键期不积极帮助宝宝们主动接受粗糙食物，降低敏感度，就会错过帮助宝宝学习吞咽、咀嚼的机会。

哪些进食技能需要家长培养和重视？

一是顺应喂养。顺应喂养强调喂养过程中父母和婴幼儿之间的互动，鼓励婴幼儿发出饥饿和饱足信号，并给予及时、恰当的回应，让婴幼儿逐步学会独立进食，并获得长期健康的营养及维持适宜的生长。世界卫生组织推荐，对于 7 ~ 24 月龄辅食添加期的婴幼儿，可采用顺应喂养模式。通过顺应喂养，增强婴幼儿对喂养的注意与兴趣，增进婴幼儿对饥饿或饱足的内在感受的体会和关注，激发婴幼儿以独特和有意义的信号与父母沟通和交流，并促进婴幼儿逐步学会独立进食。婴幼儿有天然的感知饥饱、调节能量摄入的能力，但这种能力会受到父母不良喂养习惯等环境因素的影响。长期过量喂养或喂养不足可导致婴幼儿饥饱感知能力下降，进而造成宝宝超重肥胖或体质量不足。

二是对不同形状食物的选择。提供与婴幼儿年龄和发育水平相适应的不同形状的辅食可以刺激婴幼儿口腔运动技能的发育，包括舌头的灵活运动、啃咬、咀嚼、吞咽等，有利于婴幼儿乳牙的萌出，同时满足婴幼儿的自主意识并促进其精细运动、手眼协调能力的发育。如果婴儿在 10 月龄前未尝试过“块状”食物，会增加喂养的困难程度。

三是选择不同口味的食物。出生 17 ~ 26 周的婴儿对不同口味的食物接受度最高，而 26 ~ 45 周的婴儿对不同质地食物的接受度较高。适时添加与婴幼儿发育水平相适应的不同口味、不同质地和不同种类的食物，可以促进婴幼儿味觉、嗅觉、触觉等感知觉的发育，锻炼其口腔运动能力，包括舌头的活动、啃咬、咀嚼、吞咽等，并有助于其神经、心理，以及语言能力的发展。

爸爸妈妈可以通过一些小技巧，耐心地帮助宝宝：

①每天早上给宝宝清理口腔时用消过毒的纱布包着手指轻压宝宝的舌头，让宝宝体验和逐渐接受咽部恶心的感觉，降低口咽敏感度。

②以添加婴儿米粉为例，当宝宝接受细滑的米粉后，可购买带颗粒状米粉之后逐渐加入普通米粉，在他适应粗糙度后再逐渐加入颗粒状米粉。除此以外，给宝宝食用入嘴即化的婴儿泡芙、馒头心、面包心等，让宝宝的口腔接触粗糙硬质口感的食物。

③使用硅胶质地的磨牙口胶、磨牙棒，以及盛有“块状果蔬”的咬咬乐，让宝宝主动咬食从而降低口腔敏感度。

宝宝生病了（感冒发热、腹泻、便秘），如何调整辅食？

Q 宝宝感冒发热，需要清减饮食吗？

A 感冒发热的宝宝常常在生病初期胃口极差。如果因为有感染还使用了抗生素，加上咳嗽等并发症，宝宝常常会有呕吐等症状，等待宝宝胃口恢复往往要 1 ~ 2 周。面对这样的宝宝，爸爸妈妈应该如何在饮食上进行照顾呢？

首先，如果还是吃奶的小婴儿，那么只要宝宝愿意吃奶就按需喂养，通过喂奶补充宝宝所需的水分。

其次，已经开始每天吃 2 ~ 3 顿粥的宝宝若因为生病而精神不佳，不思饮食，此时不要着急，只要记得给宝宝多喂点水。只要宝宝愿意张嘴，就可以给宝宝喂些米粥或鸡汤面条，让宝宝尽量多摄入些碳水化合物；如果宝宝拒绝吃固体食物，那么多给宝宝喝几顿奶也是可以的。

最后，家长需要记住，生病导致的体重暂时下降是常见现象，对于那些不频繁生病的宝宝来说，在宝宝可以正常进食后体重可以很快恢复。

Q 宝宝腹泻呕吐，需要如何管理饮食？

A 腹泻呕吐，多见于宝宝患上秋季腹泻病或者急性胃肠炎时，这些都是宝宝们的常见疾病。对于腹泻呕吐，无法喂入食物的宝宝，补充水分避免他们脱水是最重要的事情。

不用限制宝宝的饮食量，尤其是奶量。腹泻呕吐意味着宝宝有明显的胃肠道反应，因而给宝宝喂了食物后，宝宝再次出现腹泻呕吐的情况是比较正常的。面对这样的情况，家长们一定要冷静，并不是家长喂得不对，而可能是“喂什么拉什么”。但是如果腹泻时间超过 1 周可能会继发乳糖不耐受，建议家长给宝宝喂腹泻奶粉。各类粥和面条等都可以喂给宝宝，家长们不用担心做得不对。

这种情况下特别重要的事是补水，补水，还是补水！口服补液盐是补水的首要推荐品，但是口味稍逊于富含电解质的运动饮料（低糖版）。家长可以让宝宝少量多次补充这些电解质类液体，防止宝宝脱水。另外，是常常查看宝宝尿液的颜色，如果尿液是深黄色就表示宝宝体内水分不够。

Q 宝宝便秘，如何配合食物缓解？

A 如果宝宝 3 ~ 5 天才排大便 1 次，且大便干硬或呈羊屎状，那么可能有便秘倾向或可被诊断为便秘，但如果是还在哺乳期的宝宝每周排大便 1 次且大便呈糊状，喝配方奶的宝宝每 2 ~ 3 天排大便 1 次，这些情况都不能算是便秘。对于便秘的宝宝可以用以下方式缓解症状：

制作富含膳食纤维的食物。家长们要知道，粗杂粮、蔬菜、水果都含有膳食纤维，给宝宝制作的杂粮粥、自制的杂粮包、购买的全麦面包都是可以让宝宝经常食用的主食。自制酸奶和火龙果、西梅、梨子或橙子的混合物也是较好的缓解宝宝便秘的搭配。也可以将西兰花、豌豆等蔬菜剁成泥状蒸给宝宝吃。

喝水，喝水，多喝水。便秘的宝宝常常因为胃肠道功能紊乱导致大便含水量少，从而导致大便量少及硬结。而饮水是促进胃肠道蠕动以及增加大便含水量的重要方式。

查找引起宝宝便秘的食物。宝宝在满 1 岁后大量饮奶（每天超过 500 毫升）也可能引起便秘；饮食太过精细，如食用低纤维的精米、精面也可能引起便秘。

早产儿添加辅食的时间如何选择？

如果家里的宝宝是早产儿（出生时胎龄 <37 周），添加辅食的月龄一般应以宝宝矫正胎龄 6 月龄为宜。对于晚期早产儿，一般出生胎龄在 34 周以上、追赶生长情况较好的宝宝，在矫正胎龄 4 月龄时就可以开始添加辅食了；但胎龄小于 32 周的宝宝必需视宝宝追赶生长的体重、宝宝的运动发育程度、胃肠道消化水平以及其食欲而决定。因而，定期保健、请专业医生帮忙评估宝宝的发育状态，是早产宝宝的父母开始添加辅食前必须完成的功课。

宝宝护理

牙齿护理

出生 4 个月后有些宝宝就开始出牙了，一旦宝宝长出了牙齿，家长就要开始对宝宝的小乳牙进行护理，这样才能让宝宝拥有一口健康、整齐的牙齿。

我们来了解一下出牙的顺序：首先出的是中间的两颗门牙（多数宝宝会先出下牙，但也有些宝宝会先出上牙），然后旁边两颗门牙会长出来，接下来会长出第一乳磨牙、尖牙以及第二乳磨牙。

牙齿萌出前后的口腔护理需要注意以下几个方面。

出牙前的牙床训练。大部分的宝宝会在 4 ~ 10 月龄之间出牙。牙齿萌出前，部分宝宝会有流口水、喜欢咬东西的情况。这主要与牙齿萌出前的牙龈肿胀有关，可以让宝宝咀嚼牙胶，咬嚼可以减轻牙床的不适，还可以锻炼宝宝的颌骨和牙床，使牙齿萌出后排列整齐。在给宝宝咬牙胶的时候要注意，宝宝咬牙胶时要是坐位，不要躺着，并有大人在旁看护才行，以免发生意外。

要开始给宝宝刷牙和漱口。家长可以用指套牙刷给刚出牙的宝宝刷牙，用牙刷蘸取适量白水，轻轻刷宝宝的乳牙，刷牙方法是沿着牙齿缝隙的方向上下刷，这样才能有效清洁牙齿。此外由于宝宝还不会漱口，家长也要在每次吃奶后以及早晚给宝宝喝点水，清洁口腔。

限制含糖的食物。6 个月以后的宝宝大多开始食用辅食了，含糖量高的食物是造成龋齿的重要因素，因此家长要限制宝宝过多吃这些食物，尽量不要让宝宝吃糖果，喝含糖饮料，让宝宝少吃蛋糕、饼干，容易忽视的还有含糖量高的水果，如荔枝、龙眼、西瓜等。建议让宝宝食用一些含糖量较低的水果，如苹果、橙子、猕猴桃等。吃完甜食后同样要漱口。

不要让宝宝吃着母乳或者含着安抚奶嘴睡觉。很多宝宝需要边吃奶边睡觉，或者含着安抚奶嘴睡觉。尽管这些方式可以起到安抚宝宝的作用，让宝宝快速入睡，但是让宝宝边吃母乳边睡觉往往无法做到在宝宝睡前清洁牙齿，会增加出现龋齿的风险。经常含着安抚奶嘴入睡，也会影响牙齿的发育，因此建议家长在宝宝睡着后就拔出乳头或奶嘴。

定期做口腔检查。1 岁以后的宝宝就要定期去做口腔检查了，这样能帮助我们及时发现宝宝的牙齿问题，此外定期涂氟也有助于宝宝预防龋齿，让宝宝的牙齿更健康。

宝宝的咬手问题

宝宝在口欲期往往喜欢吸吮自己的手指、咬手，这是正常的现象。宝宝在牙齿萌出的过程中会有牙龈肿胀的情况，一方面咬手可以减轻牙龈的不适；另一方面，宝宝在寂寞无聊、焦虑不安或者身体不舒服的时候咬手指可以自慰、减轻紧张感、减缓焦虑、转移自己对疼痛的注意力。一般来说，随着年龄的增长，宝宝牙齿的发育完善，他们对外界环境的兴趣增加，这种行为会慢慢减少，直到消失。所以，对于宝宝早期咬手指的行为，家长不需要过于紧张，可以用其他的物品（如玩具）转移宝宝的注意力，而不要去强制性制止，因为一旦宝宝的需求得不到满足反而会增加宝宝的不安和暴躁情绪。

如果长期对宝宝关心过少，宝宝就无法和外界环境建立足够的联系，比如宝宝长期生活在饥饿、无人陪伴、缺乏玩具等环境中，那么这种咬手指的行为可能就会形成习惯而难以消除，成为不良的行为习惯。这种情况往往和父母的教育方式不当、家庭环境不良有关。

因此，家长要注意预防这种情况的发生，营造和谐、友爱的家庭氛围，采用积极回应的教育方式，让宝宝有充分的时间去接触周围环境，更多地参与游戏，把注意力从手指上转移开。

帮助宝宝提高免疫力

宝宝各系统发育不完善，抵抗力差，容易生病，那么怎样才能提高宝宝的抵抗力，让他们少生病呢？家长们需要做到以下几点。

坚持母乳喂养，保证奶量充足。母乳是婴儿理想的营养来源，母乳不仅能提供均衡的、易于消化吸收的营养素，母乳中丰富的“生物因子”，还可以预防婴儿感染，母乳中的抗体进入婴儿体内能成为婴儿免疫系统的一部分，能预防肺炎、腹泻等疾病发生。因此，中华预防医学会建议，纯母乳喂养不少于 4 个月，在引入其他食物满足婴儿生长发育需要的同时，建议母乳喂养至 12 月龄。对于因各种原因不能母乳喂养的宝宝，要保证宝宝每天喝配方奶 600 ~ 800 毫升。

保证充足的睡眠时间。睡眠和免疫系统关系密切，高质量的睡眠可以帮助激活免疫系统，提高免疫能力，而睡眠不足则会干扰正常的免疫系统，从而增加患病的风险。这种关系同样会体现在宝宝身上，推荐 4 ~ 6 月龄的宝宝全天睡眠时间是 12~15 小时，建议不要少于 10 小时。

体格锻炼。体格锻炼能增强身体各器官系统的免疫功能，提高宝宝对周围环境的适应能力和对外界不良因素的抵御能力。充分利用自然环境（日光、空气、水），结合宝宝的发育特点进行锻炼，比如每天户外活动半小时，通过紫外线照射皮肤合成的维生素D促进钙的吸收，预防佝偻病发生。新鲜空气中含氧量较高，宝宝呼吸新鲜的空气，能改善血液循环，促进新陈代谢，增强身体的抗病力。还可以利用水的温度和水的机械作用，给予宝宝刺激，以达到锻炼体格的目的，这种锻炼方式为水浴锻炼。低温的水再加上水流的强度，可使宝宝全身体温调节功能反应加强，促进血液循环，增强身体对外界冷热气温的适应能力。

按时预防接种。父母应定期带宝宝接种疫苗，以有效预防疾病。按时接种很关键，关于疫苗的接种，本书的“接种建议”部分有详细的介绍。

宝宝便秘怎么办？

宝宝便秘是指出现排便功能异常的现象，主要表现为大便次数减少，或大便性状干结，粪便排出困难，严重时易引起痔疮、肛裂等。便秘分为功能性便秘和器质性便秘，造成便秘的原因通常与疾病、饮食、遗传、胃肠道结构和功能异常等有关。宝宝出现便秘应该怎么办呢？

如果宝宝的便秘是由于疾病，比如先天性巨结肠、肛门直肠畸形、肠梗阻等引起的，家长一定要带宝宝去医院就诊，对症治疗，治疗好了，便秘也会消失。如果家长并不知道宝宝存在这些疾病，但是发现宝宝便秘的持续时间比较长（1周以上），很顽固，或者伴有发热、拒食、便血、腹部肿胀等情况，须及时带宝宝就医。

如果宝宝便秘属于功能性便秘（无基础疾病），如果不积极干预，50%的宝宝会将便秘延续到成年后，干预越晚，效果越差，所以要尽早进行干预。一般主要采取综合治疗原则，包括及时清除肠道内蓄积的粪块，合理饮食，腹部按摩，适当应用益生菌。

爸爸妈妈可以这么做

清除肠道内蓄积的粪块。如果粪便在肠道内积聚时间较长，超过5天，建议使用开塞露软化大便，方便粪便排出，但是不建议长期使用开塞露。

多给6个月以下的宝宝喝水。而6个月以上的宝宝除了喝水，还可以适当食用蔬菜、水果，增加粪便容量，促进排便。

腹部按摩。首先家长要掌握宝宝的排便规律，在往日排便的时间段轻轻顺时针按摩宝宝的腹部，可以刺激肠道运动，促进排便。

适当添加益生菌。肠道益生菌，如双歧杆菌，可以调节肠道功能，促进肠道蠕动，促进粪便排出。

如果发现宝宝的便秘持续时间比较长，执行上述操作均无改善，或者伴有发热、拒食、便血、腹部肿胀等情况，须及时带宝宝就医。

4～6月龄的宝宝身长与体重增长特点

身长 4月龄后宝宝的身长、体重、头围增长较1～3月龄减慢。4～6月龄宝宝身长平均每月增加2厘米。身长的增长存在个体差异，应重视宝宝自身身长增长速度的变化。

体重 4～6月龄宝宝每月体重增长400～600克。体重的增长存在个体差异，应重视宝宝自身体重增长速度的变化。

宝宝的生长速度要比宝宝在特定时期的身长和体重重要。现在你可以给宝宝绘制生长曲线图，定期测量，确保宝宝以相同的速度生长。如果你发现宝宝的生长曲线出现差异，或者身长与体重增加缓慢，建议带宝宝去看医生。

宝宝出牙的规律

人的一生有两副牙齿，乳牙和恒牙。出生时乳牙已完全矿化，只是牙胚被牙龈所覆盖。多数宝宝在4～10月龄时乳牙开始萌出。乳牙（见图2-1）共20颗，约在3岁以前出齐。6岁以后乳牙开始脱落换恒牙。

多数宝宝乳牙萌出时，首先会长出2颗下门牙，接下来长出4颗上切牙，然后长出2颗下切牙，随后长出磨牙、犬牙。萌牙顺序一般为下颌先于上颌、由前向后进行，即下正中切牙、上正中切牙、上侧切牙、下侧切牙、第一乳磨牙、尖牙、第二乳磨牙。乳牙的萌出时间、萌出顺序和出齐时间个体差异很大，不必过度担心。平时要注意保持宝宝乳牙健康、卫生，使得乳牙正常脱落至恒牙萌出。

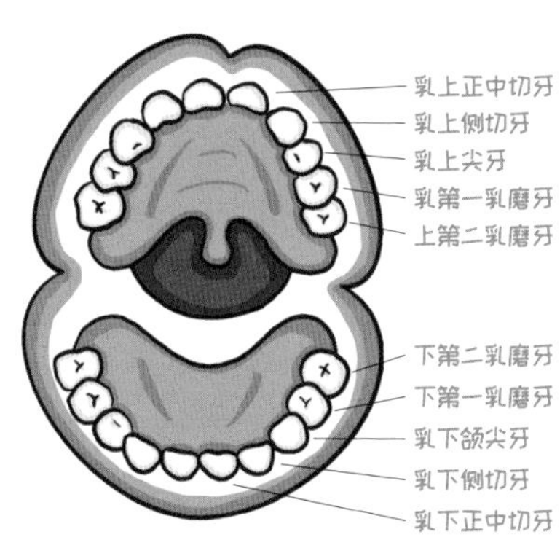

图2-1 乳牙识认图

有时长牙的过程会让宝宝出现一些烦躁、哭闹或低热、流涎过多和想咬东西的状况，为了使不舒服的宝宝平静下来，家长可以用一根手指轻轻摩擦并按摩宝宝牙龈。如果宝宝看上去非常痛苦，或者发热超过38摄氏度，可能不是长牙所致，应该及时就医。

乳牙萌出延迟的原因

宝宝13月龄后乳牙仍未萌出，这种情况被称为乳牙萌出延迟。成因可能与遗传有关，或为疾病因素（如严重营养不良、先天性甲状腺功能减低症、21-三体综合征等）所致。健康的牙齿生长与蛋白质、钙、磷、氟、维生素C、维生素D等营养素以及甲状腺素有关。若家长发现13月龄的宝宝尚未萌牙，需看医生明确原因。

此阶段粗大运动发育特点

俗话说："二抬四翻六会坐。"然而有的宝宝偏偏不按这个时间点发育，家长便开始焦虑，怀疑宝宝是不是发育迟缓。我们来了解一下宝宝的粗大运动发育。

宝宝运动的发展受遗传和环境因素的共同作用影响，是认知能力发展的基础。其发展顺序和进程遵从一定的规律。粗大运动发育包括翻身、爬行、走路、跳跃等。

在头4个月，宝宝获得了头部和眼部运动所需要的肌肉的控制能力，因此可以对周围有趣的事情进行观察。现在他将接受一个重大的挑战——坐起。随着背部和颈部肌肉力量的逐渐加强，以及头、颈和躯干的平衡发育，他开始迈出"坐起"这一小步。

4月龄

宝宝竖头、抬头较稳，能自由转动头部。竖抱时头能竖直，眼睛能向四周观看。宝宝能在俯卧时用腕部支撑抬头，从俯卧位翻到仰卧位。当宝宝能够用上肢将自己的身体撑起来时，就很容易从俯卧位翻到仰卧位。大部分宝宝翻身也是从这里开始的，也有些宝宝可能先学会从仰卧位翻身到俯卧位。

5月龄

宝宝可以在俯卧时抬头90度，从仰卧位翻到俯卧位，在一定支撑下可以坐着。扶站时他的双下肢可负重。

6月龄

宝宝能够独立坐一会儿，用手臂支撑保持平衡。扶站时他的双下肢可负重，可上下跳。

正常运动发育有个体差异，但若发现6月龄的宝宝不会伸手抓物，紧握拳不松开，不能坐立，应及时看医生。

此阶段精细动作发育特点

精细动作发育通常指的是手和手指的动作。

4月龄

宝宝开始伸手够物，当够到物品时，出现抓握动作，但仅能手掌碰触与抓握，动作不超过肢体中线；全收抓握动作逐渐精细化和准确化。

5月龄

宝宝能用手和整个身体够取眼前的玩具，大拇指参与抓握，抓住东西就往嘴里送。还喜欢敲打东西，喜欢用手拍、用脚踢玩具。

6月龄

宝宝开始单手活动，伸手活动范围可超过身体中线，学会拇指与其余四指对应的抓握。此时的宝宝能够准确抓取悬在胸前的玩具，会抓去盖在脸上的布，还可以两手各握住一个玩具。

如果4月龄的宝宝双臂总往后背，5～6月龄的宝宝直立时下肢呈现剪刀样，5～6月龄的宝宝不能够取和抓握玩具，应及时带宝宝去看专科医生。

此阶段宝宝味觉的发育特点

宝宝出生时味觉发育已很完善。出生2小时的新生儿已能分辨出甜味、酸味、苦味和咸味，并呈现不同的面部表情。如对微甜的糖水表示喜欢，对柠檬汁表示不喜欢。出生后妈妈的不同饮食情况会使母乳具有不同的味道，因为饮食中的味道可以转移到乳汁中。4～5月龄的宝宝对食物味道轻微的改变已很敏感，能区别食物的味道。宝宝一般喜欢甜味的食物，幼儿期后会对食物产生个人的偏爱。

此阶段适合宝宝的运动

家长要鼓励宝宝翻身、适当练习扶坐。

★让宝宝俯卧，在宝宝前方用色彩丰富的玩具、镜子吸引宝宝。除了要让宝宝练习多趴着，还要引导和帮助宝宝翻身。

★在两侧不同的位置吸引宝宝，让宝宝向左右两边转动头部。

★试用玩具吸引宝宝伸手抓握，这样可以让宝宝练习运动四肢，包括头、背部和双腿的平衡。还可以用玩具吸引宝宝去翻身，跟他玩左右翻滚的游戏。

★撑着宝宝腋下，让宝宝站立起来，伴着音乐活动身体。

★促进宝宝手眼协调能力发展。让宝宝多伸手抓握不同质地的物品。

不同阶段的游戏建议

★ 4 月龄宝宝 ★

抓玩具：与宝宝一起玩玩具，将摇铃、手镯等易抓握的玩具放在宝宝面前，让宝宝练习抓握和够取，让宝宝充分享受听、触摸、嗅、咬、晃动玩具的乐趣，同时应告诉宝宝玩具的名称。锻炼宝宝感知事物的能力及促进宝宝手眼协调能力的发展。

拉坐游戏：宝宝取仰卧位，妈妈抓住宝宝双手，将宝宝轻轻拉成坐位，边做边说："宝宝好，宝宝乖，宝宝快快坐起来。"开始练习时家长要给较大的力量，以后逐渐减少，最后要练习到宝宝能握住妈妈的手自己坐起来。

★ 5 月龄宝宝 ★

双手传递：家长要抱着宝宝在桌前坐下，使宝宝的双臂能方便地抓取桌子上的物品。在桌子上放不同形状、不同大小的物品，让宝宝练习伸手取物。当宝宝能双手各抓一个玩具时，教宝宝将玩具从一只手传到另一只手。这个游戏能促进宝宝的手和上肢肌肉的发育和协调。

★ 6 月龄宝宝 ★

家长要抱着宝宝坐在桌旁，将小饼干放在干净的手帕上，并把手帕放在桌子上，教宝宝练习捡拾。开始宝宝可能只会大把抓物，慢慢教宝宝可以用拇指和其他三指拿。练习时家长要在一旁照看。

让宝宝保持俯卧位，家长可以用宝宝喜欢的带声音的玩具引起他的注意，然后慢慢移动玩具，让宝宝试着伸直上肢、蹬踢下肢够取玩具，鼓励宝宝转圈，为以后学爬行做准备。

早期发展建议

宝宝语言、心理发育

语言发育里程

语言是表达思维和意识的心理过程，也是人类特有的高级神经活动。语言涉及认知、感觉、运动、心理、情感和环境，而且要借助正常的听觉、发音器官和大脑功能。语言是婴幼儿全面发展的重要标志。

简单发音阶段（0 ~ 3 月龄）

新生儿出生后的第一声啼哭，就表示其能运用完整的发音器官进行反射性的发音，但哭声是未分化的。1 个月后的哭声开始分化，宝宝会用哭的方式表示身体状态和需要（疼痛、要吃奶等）以引起成人的注意。3 个月开始，宝宝逐渐咿呀学语，能发出“啊”“咿”等喉音，或类似后元音的 a、o、u 等，这些声音不具备信号意义，但反复发声所产生的听觉刺激、喉部本位感觉可使宝宝从中获得快感，也为言语的发生创造了条件。

连续发音阶段（4 ~ 8 月龄）

4 ~ 5 个月时，宝宝已经会发出辅音中的唇音 p、m、b，以及少量的双音节音，并进入牙牙学语阶段。这段时间，类似于“妈妈”“爸爸”的“mama”“baba”等双音节和多音节音明显增多。8 个月左右，宝宝牙牙学语能力达到高峰，发音伴有辅音和元音组合，能听懂成人部分语言，并做出相应的反应（如大人说“再见”，则举起小手进行摇动；大人说“灯”，能抬头看灯等）。与此同时，宝宝开始进入语言的理解阶段。

连续的不同音节阶段（9 ~ 12 月龄）

9 ~ 12 月龄的宝宝能发出大量不同多音节的音，特别喜欢与人交往。部分 9 个月的宝宝已经能说第一批具有特定意义的词；喜欢模仿成人的语言，能将自己的语言和某些特定事物联系在一起。10 个月时，有些宝宝已能有意识地叫“妈妈”、说“再见”等。到 1 岁末时，有些宝宝的词汇量已有 20 个左右。

认知发育里程

0 ~ 3 月龄

此阶段宝宝听到你的声音时会笑，会发出声音，开始咿呀学语。会用哭声表达需求，偶尔会模仿一些声音，喜欢看人脸的图形和靶心型图案，听到声音时会将头转向发出声音的方向。

4 ~ 7 月龄

此阶段的宝宝可以找到故意藏起来的物体，开始具有“物体恒常性”的认知。喜欢通过手和嘴来探索世界，会很努力地去拿远处的物品，逐渐具有分辨简单形状的能力，开始具备感受深浅的能力，具备深度知觉。

8 ~ 12 月龄

此阶段的宝宝会用很多不同的方式探索物体（摇晃、敲击、抛出去、扔到地上等），很轻易地找到藏起来的物体，当家长念图片的名字时，会看正确的那幅图片，模仿大人的动作姿势。开始学会正确地使用物品，如用杯子喝水、用梳子梳头、按玩具的按钮、把电话放在耳边等。

宝宝情感发育特点

宝宝情感发育特点如表 2-2 所示。

表 2-2 宝宝情感发育特点

年龄	宝宝情感发育特点
0 ~ 3 月龄	听到人的声音时会笑，开始出现社交性微笑。 喜欢和其他人玩，游戏停止时可能会哭泣。 沟通能力逐渐增强，面部表情和肢体语言逐渐丰富。 可模仿一些简单的动作和面部表情
4 ~ 7 月龄	这个年龄段的宝宝性格可能会出现极大的转变，如果自己做不到会用尖叫、敲打或丢掉手边的物体等方式寻求帮助。 喜欢跟其他人一起玩。 对镜子里的形象感兴趣。 对其他人的情感表现有反应，经常显得很快乐
8 ~ 12 月龄	对陌生人感到害羞或不安。 妈妈或爸爸离开时会哭。 喜欢在游戏中模仿他人。 对特定的人和玩具表示出偏爱。 在进食的时候试探父母对自己动作的反应，如试探当自己拒绝吃某个东西的时候父母会怎么做。 试探父母对一些行为的反应，如试探当父母离开房间时自己哭了父母会怎么办。 某些情况下可能会感到害怕。 更喜欢妈妈和经常照顾自己的人。 重复一些声音或动作来吸引关注。 自己吃手指。 穿衣服时会主动伸手或伸腿

判断宝宝心理行为发育是否异常

儿童心理发展有一定的规律，了解不同年龄儿童的心理行为发育水平，可以营造良好环境。在早期识别心理行为发育偏异，可以促进儿童健康发展。家长若发现宝宝出现表 2-3 中任何一条预警征象，建议带宝宝到医院进一步检查评估。

表 2-3　儿童心理行为发育问题预警征象

年龄	预警征象	年龄	预警征象
3 月龄	①对很大的声音没有反应。 ②不注视人脸，不追视移动的人或物品。 ③逗引时不发音或不会笑。 ④俯卧时不会抬头	8 月龄	①听到声音无应答。 ②不会区分生人和熟人。 ③不会双手传递玩具。 ④不会独坐。
6 月龄	①发音少，不会笑出声。 ②紧握拳不松开。 ③不会伸手及抓物。 ④不能扶坐。	12 月龄	①不会挥手表示“再见”或拍手表示“欢迎”。 ②呼唤名字无反应。 ③不会用拇食指对捏小物品。 ④不会扶物站立

宝宝一见陌生人就哭怎么办？

宝宝在 5 ~ 6 月龄时见到陌生人会出现一种严肃的表情；一般在 6 ~ 8 月龄宝宝会开始怯生，即产生陌生人焦虑，见到陌生人表现出害怕、不安的情绪，会扭开头，寻找妈妈或紧紧依偎在妈妈怀中；8 ~ 10 月龄的宝宝的怯生情绪达到高峰，明显地表现出对陌生人的警惕或害怕，甚至大声哭闹；之后的焦虑程度会逐渐下降，1 岁半以后慢慢消失。但宝宝并不是对所有的陌生人都害怕，即使在 8 ~ 10 月龄时，有时也会对陌生人表现出积极的情绪反应。

通常我们可以这样应对：

让看护宝宝的其他人与宝宝友善地谈话，一起玩宝宝最喜欢的玩具，使宝宝分心，妈妈可以悄悄退后，离开时不要过分渲染。

在家里进行短时间实践活动，教会宝宝处理与妈妈情感分离的场景。当宝宝在玩或爬进另一个房间时，妈妈不要立即跟进去；当妈妈必须暂时进入别的房间时，要告诉宝宝去哪里并很快回来；当宝宝大呼小叫时，要给宝宝回话，但不是立即返回宝宝身边；一定要在许诺的时间返回，让宝宝逐渐明白妈妈不在不会发生什么可怕的事情。

以轻松的介入方式给宝宝介绍以前没有见过的人，包括亲戚、朋友。当妈妈与陌生人谈话时，可以让宝宝坐在自己膝上，宝宝放松了再让陌生人与宝宝有目光接触，鼓励宝宝与陌生人谈话。

一旦宝宝对交谈感到舒服，就鼓励宝宝与陌生人接近并参与玩具游戏。随着时间的推移，最终宝宝在看见陌生人和与妈妈分离的时候几乎没有障碍，宝宝也将变得更加自信。

宝宝怯生的影响因素有哪些？

宝宝怯生受许多因素的影响，主要有以下几方面：

★父母或熟悉的人是否在场。

★环境的熟悉性。在熟悉的环境中宝宝不会表现出特别怯生的情绪。

★陌生人的特点。宝宝对陌生的成人的害怕多于对儿童的害怕，另外，脸部特征也有影响，如有大胡子的脸，更让宝宝害怕。

★抚养者的数量。有多人照看的宝宝，其怯生程度比只有一个人照看的宝宝要轻。

★过去的经验。经常接触陌生人并感受到爱抚，会降低宝宝的怯生程度。因此，让宝宝多见陌生人并感受到爱抚，对降低宝宝怯生程度，有一定的帮助。

宝宝很喜欢吃手，需要纠正吗？

依照弗洛伊德的观点，0 ~ 1 岁是宝宝的口欲期，婴儿的大多数感受都是从口腔中获得的，口腔的满足既是生理的满足也是心理的满足。大约有 90% 的婴儿都出现过这种吃手的行为，一般到八九个月，婴儿吃手的时间和次数会明显减少。婴儿吃手的一部分原因是饥饿，但大多数情况下并非因为饥饿，吃手可稳定婴儿自身的情绪，是一种自我抚慰的方式，也可以认为这是婴儿早期的一种探索和学习行为。因此，在 0 ~ 1 岁期间，吃手是一种正常的生理现象，不需要纠正。

如何应对分离焦虑？

★提倡母乳喂养，父母亲带。忌做甩手掌柜，从小培养宝宝的安全感。

★理解宝宝，及时安抚。对于宝宝的哭泣，家长要及时地给予回应。

★积极鼓励，高质量陪伴。家长不要包办一切，要鼓励宝宝独立探索，及时给予正向评价，增加与宝宝互动游戏的时间，建立良好的亲子关系。

★诚实守信，遵守约定。家长离开家时要告诉宝宝爸爸妈妈会回来的，不要因为无法忍受宝宝哭而偷偷离开。要让宝宝知道爸爸妈妈离开后会回来，而不是不见了。

★找一个过渡的物品。比如一个陪伴宝宝的毛绒玩具，让它替代你成为宝宝的“依恋物”。

★家长减少自身焦虑。很多分离焦虑不是宝宝舍不得家长，反而是家长舍不得宝宝。

宝宝规律睡眠习惯的培养技巧

如何形成合适的昼夜节律?

婴幼儿睡眠昼夜节律的形成和神经系统的成熟有关。2 ~ 3 月龄的宝宝开始有了昼夜节律，昼夜节律一旦形成，宝宝的睡眠就会变得规律起来，他会有相对固定的入睡时间和起床时间，夜里醒来的次数也会减少，白天的睡眠时间也会逐渐减少。此外，睡眠昼夜节律的形成，与环境条件也有密切的关系。环境嘈杂，或者灯光不合适会导致宝宝昼夜节律混乱。

规律的睡眠节律是良好睡眠的基础，因此父母应该创造条件促进婴儿昼夜节律的形成。

首先，睡眠环境要安静舒适。选择外界噪声较少的房间给宝宝居住，家人也要在宝宝睡觉前后减少噪声，尽量营造安静的环境。当然也没必要做到“悄无声息”，自然的家庭噪声是可以允许的。

其次，睡眠期间少干预。入睡前不要采用摇晃、抖动等方式哄睡，建议把宝宝放在床上，让宝宝自然入睡，或者轻轻拍，帮助宝宝入睡。宝宝睡着之后也不要过多打扰，比如拍打、挪动，如非必要不要更换尿布（除非排了大便，或者是宝宝由于排了小便不舒服而醒来），有些宝宝半夜会动来动去，只要他们不醒来、不哭闹都可以放任不去干预。有些宝宝半夜会有短暂的哭闹，如果轻轻拍就能让宝宝重新入睡就不要去喂奶或者抱起来哄。总之就是减少非必要的干预。

再次，室内光线要符合昼夜变化。晚上入睡时间不要开着明亮的灯光，因为光线会影响褪黑素的分泌，影响昼夜节律。如果家长怕半夜期间喂奶或者换尿布看不清，可以开一个暗淡的小夜灯，等宝宝睡着后就关掉。白天也不要拉紧窗帘，让室内明亮起来。白天多与宝宝交流、说话，刺激宝宝的感知觉，训练宝宝运动等，这样宝宝才会有昼夜交替的感觉。

最后，如果宝宝日夜颠倒应及时纠正。大部分宝宝在 2 ~ 3 月龄时会形成昼夜节律，如果这个时候还没有形成昼夜节律，就要及时纠正，越晚纠正就越难纠正。家长要评估一下宝宝是不是白天睡多了，4 ~ 6 月龄的宝宝每天白天会小睡两次，一次在上午，一次在下午，如果白天的睡眠不影响夜间睡眠，则宝宝白天睡多一点没有问题，但是如果白天睡得太多，影响了夜间的睡眠就建议减少宝宝白天的睡眠，保证夜间的深睡眠时间。如果发现宝宝入睡晚（如超过晚上 11 点），就要逐渐调整入睡时间，比如让宝宝提前半小时入睡，适应后再提前半小时，直到达到合适的入睡时间（晚上 9 点前）。

如何培养宝宝良好的睡眠习惯

优质的睡眠对宝宝的健康成长是非常重要的。优质的睡眠包括足够的睡眠时间以及良好的睡眠习惯。我们推荐 4 ~ 6 月龄的宝宝睡眠时间保持在 12 ~ 15 小时。我们在保证宝宝有足够睡眠时间的情况下，要培养宝宝良好的睡眠习惯。良好的睡眠习惯包括合适的入睡时间、合适的入睡方式（能独自入睡，而不依赖拍、抱和摇晃以及吃奶）、不超过 2 次的夜醒、醒来后能自然入睡。

想要培养良好的睡眠习惯，家长需要做到以下几点

1 在固定的时间哄宝宝入睡

2 月龄后宝宝的睡眠逐渐规律，这时家长可以固定时间让宝宝入睡，这样有助于培养按时睡觉的习惯。一般来说，4 ~ 6 月龄的宝宝建议在 9 点前入睡。那么家长就要在 9 点前做好入睡前的准备工作，包括睡前的喂奶、口腔清洁、睡前活动等。让宝宝的生物钟变得更加规律。

2 为宝宝建立固定的睡前程序

固定的睡前程序可以让宝宝对睡眠活动有预期，知道有了这些活动接下来就要睡觉了，这样可以减少入睡时间。睡前的程序包括洗个温水澡，讲个故事，唱一首摇篮曲，或者和宝宝玩一个安静的游戏等。家长可以自己选择宝宝喜欢的内容，睡前程序也不宜过多，2 ~ 3 个即可，时间不宜过长，也不要太过于剧烈，不然反而会使宝宝更加兴奋。一旦睡前程序确定且宝宝接受就不要随意更改，更改频繁不利于规律的形成。

3 培养宝宝独自入睡的能力

从一开始就不要依赖拍、抱或摇晃等安抚方式让宝宝入睡，因为一旦养成习惯就难以戒除。也尽量不要让宝宝边吃奶边入睡。建议在宝宝吃奶后，清洁口腔，然后在固定的时间，完成睡前程序后，把他放在床上，不要拍、抱和摇晃，可以适当播放催眠曲，陪宝宝安静入睡。建议宝宝与父母同屋不同床，从宝宝一出生就让宝宝睡自己的小床，这样一方面可以减少意外，也能使宝宝免受父母的影响，有助于宝宝夜晚连续睡眠，也有利于以后过渡为分房睡觉。

4 减少夜间的干扰

减少噪声和灯光的干扰，创造安静、黑暗的环境。不适当的声音刺激会影响宝宝的睡眠，明亮的灯光也会影响褪黑素的分泌而影响睡眠，甚至会影响宝宝的内分泌。因此建议在宝宝睡眠期间关灯。要用舒适的、吸水性强的纸尿裤，这样可以降低更换纸尿裤的频率，提高宝宝夜晚睡眠效率。半岁后可以逐渐减少宝宝夜奶次数，拉长夜奶和睡前奶之间的时间，直到宝宝成功戒夜奶。夜间的室温不宜太高。科学研究发现，当皮肤温度略微降低时，睡眠质量会更高。宝宝的代谢比成人快，所以家长们会发现在睡眠期间，宝宝出的汗会比成人出汗更多。因此我们在夜间要注意宝宝的包被要比成人的薄一些。室温要适当降低1～2摄氏度，这样更有利于宝宝睡眠。

5 家庭共同参与

想要宝宝养成好的睡眠习惯，家长一定要以身作则。我们询问一下周围的家庭不难发现，父母晚睡的家庭往往宝宝都会晚睡，因为家庭环境的声响、灯光等都会影响宝宝的睡眠。所以想要宝宝睡得好，家长首先要睡得早。

疾病与意外防护

可能发生的异常和容易罹患的疾病

儿童贫血

儿童贫血在宝宝生长发育历程中，是值得家长们关注的一种小儿时期常见的血液系统疾病。临床表现与贫血的病因、程度、起病缓急及年龄等多种因素相关。贫血宝宝往往体质较差，有的面色苍白、体格生长发育落后等。因此，贫血宝宝易合并急慢性感染、营养不良、消化功能紊乱等。家长们需要留意自己的宝宝是否有贫血、是什么原因导致了宝宝贫血、是否可以通过食疗改善贫血、何时需要药物治疗……下面让我们了解一下关于贫血的常识。

当爸爸妈妈怀疑自己的宝宝疑似贫血时，建议带宝宝到医院做血常规检查，依据不同年龄、不同血红蛋白的值进行判断。根据世界卫生组织的资料，不同年龄的宝宝当血红蛋白值低于以下低限值时，谓之贫血：6 ~ 9 个月为 110 克 / 升，6 ~ 11 岁为 115 克 / 升，12 ~ 14 岁为 120 克 / 升。6 个月以下的婴儿由于生理性贫血等因素，血红蛋白值变化较大，目前尚无统一标准。我国小儿血液会议建议，血红蛋白值在新生儿期低于145克/升，1 ~ 4个月低于90克/升，4 ~ 6个月低于100克/升为贫血（见表2-4）。

表 2-4　小儿贫血诊断标准

年龄	1月	2 ~ 4月	5 ~ 6月	7 ~ 9月	10 ~ 11 岁	12 ~ 14 岁
血红蛋白参考值	<145 克 / 升	<90 克 / 升	<100 克 / 升	<110 克 / 升	<115 克 / 升	<120 克 / 升

贫血发生的原因主要是红细胞的生成与破坏两者之间失去了平衡，根据病因可大致分为三类：红细胞或血红蛋白生成不足、红细胞破坏速率增加（如溶血性贫血）、红细胞异常丢失（如各种急慢性失血等）。下面我们讨论一下常见的儿童贫血。

生理性贫血

小儿生理性贫血是指宝宝出生后 2 ~ 3 月龄比较普遍发生的一种贫血。这种贫血多发生在早产儿身上，不是因为造血物质不足，也不是因为骨髓造血功能异常，是一种正常的生理现象。

宝宝出现生理性贫血主要有以下原因

□宝宝出生后离开母体，建立了自主呼吸和体循环，动脉血氧饱和度由 45% 增至 95%，骨髓造红细胞的功能明显减弱，红细胞生成素由胎内的高水平降低到极低水平，红细胞增生明显减少。

□含胎儿血红蛋白的红细胞寿命短，小儿出生后体内这类红细胞被大量破坏。

□出生后 3 个月是小儿体重增长最快的阶段，血容量迅速扩充，红细胞被稀释。

生理性贫血需要治疗吗

正常婴儿在出生 8 周以后，血红蛋白值下降至 100 ~ 110 克 / 升时，血中红细胞生成素的浓度再一次增高刺激骨髓，使骨髓开始恢复其正常的造血功能，因生理性贫血而下降的血红蛋白值又可恢复正常。一般依据具体情况进行有针对性的治疗。有的父母发现宝宝肤色发白，甚至有些发黄，一化验血，发现宝宝血红蛋白值比较低，甚至低于 90 克 / 升，临床诊断为贫血。目前还是建议早产儿至少出院后应该开始补铁剂。但要注意，铁剂对宝宝的胃肠道刺激比较大，可能会影响宝宝的食欲。如果发现早产儿血红蛋白值下降至小于 70 克 / 升，一定要到医院进行进一步治疗，包括输血治疗与病因的检查等。

如何预防宝宝出现生理性贫血

首先是要防止早产。孕妇要多吃一些含铁、蛋白质和维生素 C 丰富的食品，特别是在怀孕最后 3 个月，更要注意补充，以保证胎儿能从母体获得足量的铁贮存。还要关注妈妈在妊娠期的并发症，并发症中有贫血的妈妈，需要及时治疗，以免影响胎儿正常发育。

其次要坚持母乳喂养。因为母乳中的铁比牛奶中的铁质生物效应高，易被吸收，宝宝吃母乳可以有效地减少生理性贫血的发生。

缺铁性贫血

缺铁性贫血是婴幼儿时期最常见的一种贫血。其是体内缺乏铁，致使血红蛋白合成减少而临床发生的一种小细胞低色素性贫血。缺铁性贫血可严重危害儿童健康，是我国重点防治的常见病之一。6 月龄～2 岁的宝宝的发病率高。因此家长需要知道发生缺铁性贫血的常见原因是什么。

为什么宝宝容易缺铁？

□**摄入不足**。胎儿通过胎盘从母体获得铁，尤其最后 3 个月从母体获得的铁最多。正常新生儿从母体获得的铁足够宝宝出生后 4 个月内使用。早产儿因提前出生，从母体获得的铁少。若储备不够，摄入不足，一旦贮存的铁用尽，必须从饮食中得到补充，此时小儿仍吃母乳或牛乳，但其中铁的含量较低，100 克母乳或牛乳中含铁率仅 10%，不能满足宝宝生长的需要，所以可以从 4 个月开始给早产儿添加辅食，尤其要添加那些含铁量较高的食物，如蛋黄、猪肝泥等。

□**生长过快**。婴幼儿生长发育快，对铁的生理需求量也随之增加，足月儿长至 1 周岁时，体重已增至初生时的 3 倍，血容量也迅速增加。由于生长发育过快，铁的需求量也增加。

□**铁丢失过多**。有的婴幼儿长期慢性失血，如患有钩虫病、肠息肉、肛裂出血等，虽然这些疾病导致的每天失血量不多，但长年累月，铁的丢失情况就相当不乐观。

□**其他原因**。有的婴幼儿长期腹泻等，这些慢性疾病亦可引起铁吸收不良；经常慢性感染，引起食欲不振，导致铁供给不足和吸收障碍，也可造成缺铁性贫血。

Q **宝宝出现哪些情况可以判断存在贫血？**

A 当发现宝宝面色或其他地方变苍白（以唇、眼睑、指甲最明显），食欲不振，烦躁不安，活动后呼吸急促、脉搏加快，还可有肝、脾肿大，异食癖，婴儿大哭时有呼吸暂停（背过气）；幼儿及学龄儿童可有多动，注意力不集中，理解力差，上课做小动作等；还有因免疫功能减弱而易患感染性疾病，或认为宝宝体质虚弱时，应该考虑带宝宝到医院检查，以助鉴别。

小儿贫血的预防

孕期和哺乳期妈妈饮食要均衡和全面，加强对婴儿的喂养指导。母乳中铁虽不够，但其吸收较好。如果不能用母乳喂养，应选用强化铁配方奶喂养，或及早在食物中加铁。婴儿出生 4 个月左右，不管是母乳喂养还是人工喂养都应该逐步添加蛋黄、猪肝泥、鱼泥、菜泥及铁强化食品。在给婴儿吃含铁食物的同时，最好也补充富含维生素 C、果胶的水果，提高铁的吸收率。

宝宝补铁存在哪些误区？

误区一：菠菜和红枣是补铁的首选食物

菠菜等绿叶菜中铁的含量一般都比较高，但绿叶菜中的铁属于三价铁，吸收率低。以菠菜为例，铁的实际吸收率大约只有1.3%。因为菠菜本身含有大量草酸，即使用水焯过后，菠菜中草酸的含量仍然较高，不但干扰宝宝对菠菜中三价铁的吸收，还会干扰宝宝对其他食物中三价铁的吸收。干红枣中的铁含量约为2.3毫克/100克，铁的吸收率较低（< 5%），故不能作为补铁的首选辅食。正如之前所讨论的，只吃植物性食物补铁不太现实。膳食中铁的良好来源主要为动物肝脏、动物全血、禽畜肉类等。

误区二：蛋黄是补铁的最佳辅食

很多家长在宝宝4～6月龄添加辅食的时候首选蛋黄，认为蛋黄能够很好地提供宝宝生长所需的铁。鸡蛋黄中的铁含量约为7毫克/100克，铁的吸收率较低（约为3%），所以不能作为补铁的最佳辅食。

误区三：早产儿、低出生体重儿没必要预防性补铁

当宝宝是早产儿或低出生体重儿时，由于从母体获得的储备铁不足，加之出生后存在"追赶性生长"，机体对铁的需求量会高于足月儿。一般来说，当早产儿或低出生体重儿未及时补充铁剂时，生长速度越快，越容易发生缺铁性贫血。建议母乳喂养的早产儿和低出生体重儿，在出生后2～4周开始补铁，直至1岁；无法母乳喂养的婴儿应选用强化铁配方奶人工喂养。

误区四：血红蛋白正常就停用铁剂

很多家长认为"是药三分毒"，待血红蛋白正常后就自行匆匆给宝宝停药。其实血红蛋白正常后并不能马上停用铁剂，应继续补铁6～8周以便恢复机体储存铁的水平。

加用强化铁的饮食。足月儿从4～6个月开始（不晚于6个月）、早产儿及低出生体重儿从矫正胎龄4～6个月开始，就要考虑加用高铁含量的食物，定期带宝宝去医院体检，了解宝宝血红蛋白的情况，尽早了解宝宝有无缺铁的情况。

2～3月龄的宝宝在补铁时，可补充维生素C，以促进铁的吸收。4个月后需及时给宝宝添加鱼泥、猪肝泥等含铁和蛋白质较丰富而且又容易消化吸收的辅食。如果宝宝已能吃粥或口感软糯的面，还可以加一些肉末。

佝偻病

营养性维生素 D 缺乏是引起佝偻病最主要的原因，我国婴幼儿，特别是小婴儿是高发人群，北方佝偻病患病率高于南方。维生素 D 缺乏性佝偻病，是一种小儿常见病，尤其是胎龄较小的早产儿，比较容易发病，这是由于婴儿的维生素 D 的来源只有三个：第一个是母体—胎儿的转运，由母体提供；第二个是食物中的维生素 D；第三个是皮肤的光照合成。体内维生素 D 不足，会引起钙、磷代谢紊乱，产生一种以骨骼病变为特征的全身、慢性、营养性疾病。即使现在生活水平提高了，佝偻病仍时有发生，所以家长要了解相关知识，及早预防宝宝佝偻病的发生。

宝宝为什么容易患上佝偻病？

□**妈妈在围生期维生素 D 补充不足。**研究指出虽然妈妈孕后期每日补充维生素 D，对足月儿血循环中 25-OH-D3 的影响很小，但是如果妈妈有严重的营养不良、肝肾疾病等情况发生，与孕期规律补充维生素 D 的妈妈相比，新生儿的维生素 D 很快就降至缺乏的水平，早产儿、双生胎更容易出现贮存不足的情况。

□**宝宝日照不足。**城市生活中高大建筑物阻挡日光照射、大气污染、寒冷的冬季日照时间短，以及紫外线较弱、没有充足的室外活动、室外活动时皮肤暴露少等，影响内源性维生素 D 的生成。

□**宝宝生长速度过快。**如低出生体重儿、早产儿、患病婴儿等恢复后，生长发育相对更快，需要的维生素 D 较多，但体内贮存的维生素 D 不足，易发生佝偻病，而对于生长迟缓者，患佝偻病者不多。

□**宝宝维生素 D 不足。**因天然食物中含维生素 D 少，纯母乳喂养，又没有充足的户外活动的宝宝，如不补充适量的维生素 D，维生素 D 缺乏性佝偻病的罹患风险会增加。

□**疾病和药物对宝宝的影响。**胃肠道或肝胆疾病影响维生素 D 吸收，如慢性腹泻、婴儿肝炎综合征等，肝、肾严重损害可致维生素 D 羟化障碍，1,25- 二羟维生素生成不足而引起佝偻病。长期服用抗惊厥药物可使体内维生素 D 不足，如苯妥英钠、苯巴比妥，可刺激肝细胞微粒体的氧化酶系统活性增加，使维生素 D 和 25-OH-D3 加速分解为无活性的代谢产物。糖皮质激素有对抗维生素 D 对钙的转运作用。

Q 哪些情况提示宝宝得了佝偻病？

A 在通常情况下，宝宝早期6个月内出现神经精神症状，多为神经兴奋性增高的表现，比如易受惊、爱哭闹、睡眠不安、多汗等。随着病情进展患儿就会出现骨骼的变化，以颅骨和肋骨最为常见。在颅骨通常表现为颅骨的畸形、前囟变软，出现乒乓球样改变。在肋骨通常表现为串珠样畸形，甚至出现肋膈沟、鸡胸症状。当宝宝逐渐会行走时，会影响长骨干骺端的发育与生长，进而使患儿膝盖出现膝内翻或者膝外翻的畸形，从而留下不同程度的后遗症。

多汗不一定是佝偻病的表现，有些宝宝刚入睡时出汗较多，是由于自主神经还不稳定。枕秃的形成原因是生理性多汗、头部与枕头经常摩擦。

家长对佝偻病的认识存在哪些误区？

误区一：有些家长认为佝偻病等同于“缺钙”

很多人觉得缺钙就会导致佝偻病，而在平时生活中补钙就是防止佝偻病。

误区二：不重视母乳喂养

有些妈妈由于听说母乳的钙、磷含量比牛奶低，就采用人工喂养，把牛奶作为婴儿的主食。这是非常片面的。她们忽视了母乳的钙、磷比例适宜等优势。

误区三：隔着玻璃晒太阳

由于天气原因，多数家长都不愿带小孩到户外活动，只是抱着小孩在室内隔着玻璃晒太阳。这样，太阳光中的紫外线是不能充分透过玻璃而进入人体的，因此就不起作用。

误区四：佝偻病只影响小儿骨骼的生长

患有佝偻病的小儿，机体抵抗力低下，容易患肺炎、腹泻、贫血等其他疾病。

误区五：宝宝出现多汗、烦躁、易惊、枕秃就是患有佝偻病

诊断小儿是否患有佝偻病，仅依据临床表现，其准确率是很低的。必须结合对病史资料、临床表现、血生化检测结果和骨骺X线检查结果的综合判断。血清25-（OH）D在早期即明显降低，是可靠的诊断标准。

误区六：肋骨外翻一定就是佝偻病

每个宝宝的胖瘦程度是不一样的，有的宝宝营养状况好一点，腹部的脂肪就相对较厚，因此体检的时候根本就扪不到肋骨，而有的宝宝本身的体形比较瘦弱，特别是腹壁的脂肪很少，当宝宝吸气的时候，就会出现明显的肋骨外翻现象。随着宝宝年龄的增长及其脂肪层的增厚，肋骨外翻的现象可以逐步消失。但因此就被不少家长误认为是佝偻病，盲目补钙，这其实是认识上的一种误区。

如何预防佝偻病呢？

要注意妈妈的孕期保健。妈妈在孕期里，需要加强营养，平时多吃富含蛋白质及维生素 D 的食物，如鸡蛋、瘦肉及动物肝脏等，同时也要注意适当晒太阳，还可以根据具体情况在医生的指导下服用维生素 D 制剂。

维生素 D 缺乏性佝偻病是可预防的疾病，确保儿童每日获得 10 微克维生素 D 是预防和治疗的关键。如果生长速度快，即便是在夏季阳光充足时，也不宜减量或停止补充维生素 D。一般可不加服钙剂，但乳类摄入不足和营养欠佳时可适当补充微量营养素和钙剂。所以绝不能将佝偻病等同于缺钙。非母乳喂养的婴儿、每天奶量摄入小于 1000 毫升的儿童，应当每天补充 10 微克维生素 D。若青少年每天维生素 D 摄入量达不到 10 微克，如奶制品摄入不足、鸡蛋或者强化维生素 D 食物少，应当每日补充维生素 D 10 微克。

另外，要保证婴幼儿有足够时间进行户外活动，但是最新的美国儿科学会临床指南要求，6 个月以内的新生儿和婴儿应该避免直接晒太阳（光靠晒太阳是解决不了维生素 D 缺乏问题的），如需户外活动最好多穿一些衣服或涂防晒霜保护皮肤，尽量减少直接暴露在太阳光下的时间。

尽量保证母乳喂养。母乳中虽然钙、磷含量较低，但比例适当，有利于宝宝的吸收。

消化不良

随着人们生活水平的提高，家长对宝宝的营养格外重视，宝爸宝妈们都在“吃”这件事情上下足了功夫，但是在家长的精心照顾下，宝宝的肠胃还是难免会出现一些问题，表现出腹痛、腹胀、食欲不振等消化不良的症状。引起宝宝消化不良的原因有很多，为什么宝宝这么容易出现消化不良呢?

Q **在日常生活中，我们如何判断宝宝可能消化不良？**

A
- 呕吐，婴儿可能表现为溢奶增加。
- 食欲减退、拒食、厌食、积食、腹胀、腹痛等。
- 口臭、大便异常等。
- 哭闹，夜卧不宁，睡眠质量不好。

消化不良的预防

喂养宝宝时一定要遵循规律，从一种到多种、从少量到多量、从细到粗、从稀到稠。要让宝宝养成定时吃饭的习惯，不要让宝宝偏食。饮食摄入要均衡，这样能够让宝宝的胃肠更好地发育。

养成良好的进食习惯。宝宝吃饭的环境不要太随意，不要选择太乱的地方，避免宝宝边做其他事边进食，尤其是不要边玩边跑边吃。不要让宝宝吃太多零食，尤其是

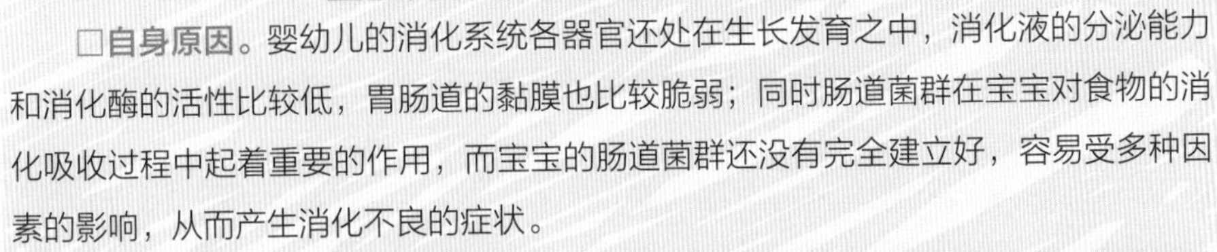

宝宝为什么容易出现消化不良？

□**自身原因**。婴幼儿的消化系统各器官还处在生长发育之中，消化液的分泌能力和消化酶的活性比较低，胃肠道的黏膜也比较脆弱；同时肠道菌群在宝宝对食物的消化吸收过程中起着重要的作用，而宝宝的肠道菌群还没有完全建立好，容易受多种因素的影响，从而产生消化不良的症状。

□**喂养不当**。父母缺乏喂养知识，未能充分考虑宝宝正在发育且仍未发育成熟的特点，突然改变食物品种、过早喂养大量淀粉，未能遵循从一种到多种、从少量到多量、从细到粗、从稀到稠的规律，宝宝一旦吃了难以消化或者高脂肪、高胆固醇的食物，就会引起胃肠功能的抗议，出现临床症状。

□**其他原因**。如气候的改变、腹部的受凉、疾病、滥用抗生素等，均可能诱发消化功能紊乱而引起消化不良等表现。

消化不良治疗误区

误区一

认为宝宝出现积食了，随意减少宝宝的奶量及食量，出现消化不良的症状则给宝宝食用白粥，认为可以减轻胃肠消化负担。如果宝宝不爱吃饭，首先应该找原因，而不是一刀切，粗暴对待。

误区二

宝宝厌食时，一些家长常常带宝宝去针刺放血，易造成感染。

误区三

给宝宝服用民间土偏方，剂量难以把握，严重时可造成中毒。

误区四

宝宝消化不良，父母就认为只要少吃、吃得清淡就可以了，精神不好是正常的，自己会好的。其实宝宝消化不良的原因有很多，尤其是出现体重增长缓慢、发育迟缓、胃肠道出血、持续呕吐、吞咽困难及疼痛、不明原因腹泻、持续发热等症状时，建议还是及时就诊，以免延误病情。

在饭前。可以把宝宝的食物做得好看些，最好是色、香、味俱佳，有助于引起宝宝食欲。还有不要因为宝宝喜欢吃一种食物就总是给他吃，吃多了宝宝一样会不感兴趣的。

要给宝宝选择比较容易消化的食物，过于油腻的食物尽量不要给宝宝吃。

多洗手，预防疾病。

不要随意使用抗菌药。

腹泻

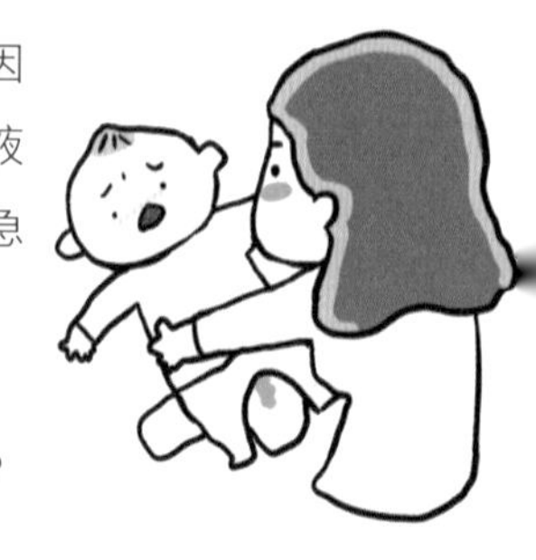

腹泻（俗称拉肚子，中医称之为泄泻）为多种病原、多种因素引起的以排便次数增多，大便性状改变如稀水样、糊状或黏液脓血便等为特点的一组消化道综合征，伴或不伴有腹痛、排便急迫感、呕吐、发热等症状。6 月龄～ 2 岁的婴幼儿发病率高。

大便性状改变是指什么？正常吗？

大家都理解大便次数的增多，那么性状的改变如何判断呢？这里我们看一下布里斯托大便分类法（见图 2-2）：

图 2-2　布里斯托大便分类法

分级	类型	描述
1 级	坚果状便便	硬邦邦的小块状，小兔子的便便
2 级	干硬状便便	质地较硬，多个小块黏着在一起，呈香肠状
3 级	有皱褶的便便	表面布满裂痕，呈香肠状
4 级	香蕉状便便	质地较软，表面光滑，呈香肠状
5 级	软便便	质地柔软的半固体，小块的边缘呈不平滑状
6 级	略有形状的便便	无固定外形的粥状
7 级	水状的便便	水状，完全是不含固态物的液体

便秘 ↕ 腹泻

1、2 级属于便秘（1 级就是通常说的“羊粪蛋”），3、4 级属于正常（其中 4 级最理想，而一般纯母乳喂养儿的大便就是均匀膏状或糊状），5、6、7 级是可能伴随腹泻的大便。

关于大便的颜色和形状

黄色或黄褐色大便： 正常粪便大多为这个颜色。

绿色大便： 肝、胆道向肠道分泌的胆汁中有胆绿素，胆绿素是绿色的，在肠道内被分解为黄色的粪胆原，因此大便颜色为黄色。绿色便的出现，通常是因为肠道蠕动加快，导致胆绿素还没来得及分解成粪胆原就被排出，使大便呈现绿色。另外，由于婴儿肠道较短及消化功能较差，粪便颜色也容易受食物等影响，如进食过多绿色青菜等辅食，可导致绿色大便。

油腻大便： 油腻、恶臭的大便提示油脂过多。

柏油样大便： 大便稀黏，漆黑发亮，如柏油，又称黑便。多为上消化道出血导致，另外进食一些含铁食物、药物等也可能会导致黑色大便，应进行相关检查排除疾病。

灰白色大便： 可能是药物、胆道梗阻导致。

红色大便： 多见于肠炎、痔疮、肛裂、肠息肉瘤等引起的出血。

婴幼儿腹泻病的发病因素多而复杂，根据常见的病因可将腹泻分为感染性腹泻和非感染性腹泻。婴幼儿感染性腹泻通常是病毒和细菌感染所致，如轮状病毒性肠炎、痢疾等；而由饮食（如食物过敏、饮食不耐受等）、气候等因素引起的腹泻为非感染性腹泻。腹泻可引起宝宝脱水和电解质紊乱，严重者甚至死亡，迁延不愈的腹泻还会导致儿童营养不良、发育迟缓。因此，一旦出现腹泻症状，要密切关注宝宝的大便情况及一般身体情况，必要时到医院进一步诊治。

Q 宝宝出现了腹泻，什么情况下需去医院就诊？

A 如果宝宝出现以下情况，应及时去医院就诊：

○宝宝出现精神差、口渴明显、眼窝凹陷、哭时泪少、尿少等脱水表现时，需要立即到医院治疗。

○大便带血。

○腹泻严重，且有腹胀等并发症；有早产史和慢性病史；或腹泻时间比较长超过1周。

○频繁呕吐，完全不能喝水和进食。

○高热、嗜睡、烦躁不安、面色苍白、抽搐等。

腹泻治疗常见误区

误区一：腹泻往往由细菌引起，需要使用抗生素

婴幼儿感染性腹泻多由病毒感染引起。抗生素对病毒无效，而且可能消灭肠道正常细菌，容易继发菌群失调症、影响肠道的吸收功能等，可加重腹泻。

误区二：婴儿腹泻没有传染性

宝爸宝妈通常会认为婴幼儿秋季腹泻没有传染性和流行性，所以也就不去了解怎样预防。其实轮状病毒的传播途径主要有粪口传播、呼吸道传播、间接接触传播等。因此，家长一定要加强手的清洁和宝宝用具的消毒。

误区三：乱用止泻药

有的家长看到宝宝每天腹泻十几次，心想大人拉这么多次都受不了，更何况小孩。就乱用止泻药，造成严重后果。

误区四：腹泻后禁食或过度喂养

腹泻的宝宝一般无须禁食，即便要禁食，也不宜超过 6 ~ 8 小时。因为禁食可能会加重宝宝腹泻症状，更易出现脱水和电解质紊乱，还可能出现营养不良。同时很多家长看到宝宝腹泻稍有好转后，担心营养丢失过多，马上给宝宝补充高蛋白、高营养的食物，殊不知这样会加重宝宝的肠道负担，不利于宝宝肠胃的修复。

误区五：拒绝接种疫苗

现阶段轮状病毒疫苗为自费疫苗，部分家长抗拒接种。目前对轮状病毒性肠炎尚无特效的治疗药物，抗生素无效，接种轮状病毒疫苗是预防宝宝腹泻的唯一有效手段。但由于人体感染轮状病毒后获得免疫维持时间较短，轮状病毒有多个亚型，相互没有交叉免疫，疫苗也不可能覆盖所有的亚型，因此疫苗需要每一年到一年半接种一次。

误区六：补液 = 输液

改良的口服补液盐（ORS）即低渗 ORS， 是轻度至中度脱水的急性腹泻患儿的一线治疗方法，适合治疗任何原因引起的脱水。治疗得当的话，患儿可免于输液。输液适用于重度脱水的患儿。

湿疹

婴儿湿疹，俗称奶癣，是特应性皮炎的婴儿期表现，是婴儿期的一种常见的，有时较为严重的皮肤变态反应性疾病。其多发于不满 2 岁的婴幼儿，一般会在宝宝出生后 1 ~ 3 个月内出现。

Q 宝宝为什么容易得湿疹？

A 湿疹是有遗传倾向的。湿疹的具体病因尚不明确，但父母若有一方曾经得过湿疹或者类似的过敏性疾病，那么宝宝患病的概率会明显变高。了解家中人员的相关病史，对预测婴儿湿疹的发病率具有一定的指导作用。

皮肤屏障功能不完善也是宝宝得湿疹的重要原因。宝宝出汗多的部位比如颈部皱褶处、肘窝处、耳后、面部更容易出现湿疹。

过敏因素也是湿疹发生的一个原因。过敏体质的宝宝接触过敏原会诱发湿疹或加重湿疹症状。宝宝幼嫩的皮肤接触一些化纤、动物毛类的织物或不干净的汗液、尿液等容易引起过敏现象。花粉、螨虫也都有可能让宝宝患上湿疹。另外，食物过敏原如鸡蛋、牛奶已经被很多家长熟知。值得家长注意的是，并非所有的湿疹都与过敏有关，特别是家长关注的牛奶蛋白过敏。应当去医院对宝宝进行专业的排查，不盲目下结论。

情绪因素也是湿疹发生的重要原因。常常有家长反映，宝宝哭闹后湿疹加重。

Q 宝宝得了湿疹有哪些表现？

A 发病初期，宝宝的皮肤上会出现逐渐增多的小红疹，继而发展成小水疱，水疱糜烂后渗出的液体会结成黄色的鳞屑和痂皮，有时还会反复发作。多见于脸部、耳部、手部、小腿和肛门等部位，严重的可蔓延全身。

Q 宝宝得了湿疹还可以接种疫苗吗？

A 湿疹患儿可以接种疫苗，接种后不会加重湿疹症状。世界卫生组织将皮肤病、湿疹或局部皮肤感染作为接种疫苗的“假禁忌证”，也就是说，湿疹宝宝只要没有其他接种禁忌证，都可以正常接种第一类和第二类疫苗。

Q 母乳喂养的妈妈需要忌口吗？

A 经过消化吸收后，母乳中原有的生物性质已经消失，不会导致宝宝过敏，所以一般无须忌口。在门诊中常常有家长说，进食某种食物后，宝宝湿疹加重了。所以一旦发现这种状况，妈妈要少吃这种食物，但不需要忌口其他食物。目前明确食物过敏引起的皮疹，尤其是牛奶蛋白过敏，妈妈在回避治疗后宝宝病情需要进行专业排查明显好转，可考虑妈妈回避含牛奶蛋白的食物，若宝宝病情仍无好转，需要进行专业排查。

Q 宝宝得了湿疹，什么时候需要去医院就诊？

A ○宝宝因出疹而烦躁不安，影响睡眠。

○保持宝宝皮肤湿润， 皮肤湿疹仍越来越多，波及全身。

○宝宝出现感染的表现时应立即去医院就诊，例如宝宝出现发热、皮疹处流黄水。

○当宝宝皮疹反复，在用药后好转，不用时又增加时，还是需到医院查明原因，不要自行用药，尤其不宜在无医生指导下长期用药。

湿疹的治疗误区

误区一：宝宝患湿疹后，马上停止母乳

虽然母乳有可能引起宝宝过敏，但可能性小。断掉母乳，并不能完全有效预防和缓解宝宝湿疹的发作，除非是全身广泛发作的严重湿疹，可能与过敏相关。考虑是否是母乳过敏时，最好到医院进行鉴别。

误区二：湿疹必须根治

目前，还没有哪一种药物可以根治湿疹。避免湿疹复发的关键在于平时的护理。有一部分宝宝的湿疹是阶段性的，只要不是特别严重，就算不去处理，之后也会慢慢自愈。要注意随时保持宝宝皮肤的湿润。

误区三：激素药膏会影响宝宝生长发育，千万不能用

有些家长非常抗拒激素药膏，怕影响宝宝生长发育。但是，有些宝宝长湿疹后，会非常难受，瘙痒、疼痛，导致宝宝每天烦躁不安，吃不下睡不安，影响宝宝正常的生长发育。此时，应该适当遵医嘱使用含有激素的药物，并按疗程治疗，以缓解宝宝的不适。正确恰当地使用激素比一味回避更能解决问题。

湿疹是儿童皮肤病中最常见的一种，皮损部位主要是面颊、眉部、耳后、头皮及臀部，而较大儿童主要在手足指（趾）端、肘窝、眶窝等部位，容易因瘙痒抓破、发红、流水，日久局部皮肤变厚且硬，湿疹是一种过敏性炎症皮肤病，病因比较复杂，到目前为止还不是十分明确。

湿疹宝宝的护理要点

①要控制好宝宝洗澡的水温，一般水温为 32 ~ 37 摄氏度时较好。温度高容易刺激并加重宝宝湿疹的症状。

②保持宝宝皮肤干净清爽。给宝宝洗澡时，用不含碱的沐浴露，并且清洁完涂抹保湿膏，注意不要在皮肤有皱褶处涂抹过厚的爽身粉，否则同样会产生局部刺激。

③最好能定期剪修宝宝的指甲，尽量避免宝宝搔抓，平时宝宝的衣着宜宽松，让宝宝穿棉质衣服，避免接触毛织、化纤衣服。被褥、枕头等床上用品，也需要经常换洗。

④合理调整饮食，避免食用过敏性食物，坚持母乳喂养，及时添加辅食，避免食用刺激性食物。

⑤湿疹宝宝的皮肤十分娇嫩，因各种病因可以表现出多种形态的湿疹，这应该是每位家长都需要关注的问题。

各种皮疹和病因

麻疹是麻疹病毒引起的急性呼吸道传染病，临床症状以发热、咳嗽、流鼻涕、眼结膜充血、麻疹黏膜斑及典型皮疹为特点。麻疹多发于冬春季节，刚开始是发热，3 ~ 4 天后会出疹，出疹时常伴高热。皮疹从耳后及发际开始，第 1 天遍布面部和颈部，第 2 天到达躯干和四肢近端，第 3 天手脚心也会出现。皮疹表现为斑丘疹，疹呈充血性，加压褪色，疹间皮肤正常。皮疹消退后，可有色素沉着，7 ~ 10 天后基本痊愈。

猩红热是一种有全身弥漫性的红色斑丘疹的传染性疾病，是 A 族溶血性链球菌感染导致的。猩红热好发生在 3 ~ 7 岁儿童的身上，大多首先表现出呼吸道感染症状，如发热、咽峡炎、草莓舌，之后 1 ~ 2 天出现全身弥漫性红色丘疹，在皮肤表面凸出，摸着粗糙，按压可褪色，疹子之间没有正常皮肤。如果未接受正规治疗，部分患儿有可能会感染风湿热或者急性肾小球肾炎。

脓疱疮是儿童夏秋季常见的一种急性化脓性皮肤病，好发于暴露部位，如面部、躯干及四肢。其症状为突然发生大疱，疱液开始澄清，后混浊化脓，疱壁较薄，易于破裂，破溃后可露出鲜红色湿润的糜烂面，数小时或 1 ~ 2 天迅速波及躯干各处，严重的话可并发败血症、肺炎、肾炎或脑膜炎而导致死亡。

水痘是由“水痘 - 带状疱疹病毒”引起的一种高度传染性疾病。疫苗推广后，水痘发病率明显降低。水痘的临床表现：开始时出现发热、食欲不振，之后 1 ~ 2 天出现皮疹，低热可伴随皮疹存在。对于婴幼儿，可能出疹和发热一起出现。皮疹首先从面部开始，其次是耳后、躯干、四肢，水痘初起为红色针头大小的斑疹或小丘疹，之后迅速变为米粒至豌豆大的圆形水疱，4 ~ 5 天后水疱逐渐干燥结痂，而后脱痂自愈。

幼儿急疹，又称玫瑰疹，多见于 2 岁以内婴幼儿，患病高峰为 6 ~ 13 月龄。幼儿急疹特点：高热 3 ~ 5 天热退疹出；红色细小密集斑丘疹，头面颈及躯干部多见，四肢较少，一天出齐，次日即开始消退，不留有色素沉着。

荨麻疹的常见原因有感染、皮肤接触性过敏、食物过敏、蚊虫叮咬后过敏等，并常伴有呕吐、腹痛及发热等临床症状。荨麻疹表现为隆起的红斑，其上中央区常发白。红斑形态各异，大小不一，但皮肤凸出都不会太多。

手足口病是由肠道病毒引起的传染性疾病，3 岁以下儿童发病率最高。其主要临床表现为发热、口腔或咽喉痛，或者拒食。皮疹特点：皮疹初始为椭圆形或梭形的水泡，水泡的周围有红晕，水泡的液体清亮，且通常累及双手、双足、臀部及四肢。皮肤病损为非瘙痒性且无触痛。柯萨基病毒 A 组 6 型感染可出现大疱样皮疹。同时在口腔里如嘴唇、舌和口腔黏膜、口龈上也有散在性水泡，口腔里的水泡很快破溃而形成灰白色的小点儿，有一层灰白色的膜，其周围有红晕。

尿布性皮炎为在尿布部位发生边界清楚的大片红斑、丘疹或糜烂渗液，甚至继发细菌或念珠菌感染。可能由婴儿尿布更换不勤或洗涤不干净，长时间接触、刺激婴儿皮肤，或尿布质地较硬，发生局部摩擦而引起。要注意保持局部的干燥。

宝宝出皮疹时家长需注意的地方

宝宝出疹子一定要带他到医院去看医生，在医生的指导下用药。同时家长要注意宝宝的护理。

A. 宝宝出疹子时，要注意房间的通风换气，宝宝不要穿得太多太厚，保持皮肤清洁。勤换衣服，保持衣物干爽。剪短宝宝的指甲，晚上戴手套睡觉。

B. 合理饮食，给宝宝多喂水，有利于出汗和排尿。

C. 若宝宝出现持续高热不退、精神差、拒食、烦躁不安等，应立即返院复诊。

D. 宝宝哭闹时，要多给予安慰。

会坐、会爬时期容易发生的意外

在宝宝会坐、会爬后，宝宝的活动范围明显增大，可以根据自己对环境的好奇，随意地出现在家里的任何场所进行探究，喜欢用自己的身体去触碰环境，但宝宝还没有安全意识，这时爸爸妈妈就要留意宝宝的动向了，而检查家里的环境是否安全是非常重要的一件事情。

防止宝宝跌落。不能将宝宝单独留在沙发、桌子上，4 月龄前的宝宝可能会通过蹬踢的方式移到边缘引起跌落；5 ~ 6 月龄的宝宝会坐、会爬，活动能力更强，更可能在家长不注意时从沙发或桌子上跌落。检查窗户、窗台以及阳台，窗户边不要放置宝宝可攀爬的桌子、凳子和沙发等家具，以免宝宝攀爬导致跌落。宝宝很快就能走了，必须未雨绸缪，提前做好家居的安全防护很有必要。

防止宝宝的身体被卡住。检查宝宝的床，给床安装护栏。宝宝在床上玩耍时，要有大人看护；当大人要离开时，请将宝宝移至地板上玩耍，并确保其在视线范围内。对于床栏，要注意每条栏杆间的间隔要小于 0.09 米，这样可以避免宝宝的手指、脚趾被卡在缝隙里。如果家里电插座的位置很低，宝宝很容易就能摸到，也需要及时地针对低位的插座采取一些保护措施，避免宝宝触碰到电插孔。

防止宝宝的皮肤磨损。当宝宝到处爬的时候，宝宝可能会很用力，如果宝宝穿着纸尿裤，爸爸妈妈要检查松紧是否适宜，会不会太松而容易在爬行中滑落。宝宝的皮肤很娇嫩，如果地面不够平滑，可以给宝宝穿较为宽松的长袖衣服、长裤，保护宝宝的关节和皮肤。

防止宝宝久坐影响脊椎发育。一般宝宝 6 个月会坐得比较稳，8 个月的时候爬得比较好，这些都属于儿童粗大运动发育的标志性动作。宝宝在刚刚学习坐立的情况下不宜坐太长的时间，5 个月的时候可以开始练习坐。如坐在家人腿上，背靠在家人的胸腹部，靠在靠垫上或者被子上，时间不用太长，刚开始的时候将时间控制在 5 ~ 10 分钟，随着宝宝的颈背部、腰部肌肉力量的增强，控制能力增强，慢慢延长时间，这个阶段坐立时间太久容易影响宝宝脊椎发育。

室内多发意外及受伤后的处理

烫伤的处理和预防

如果遇到宝宝被烫伤的情况，家长应该做的是：

①立即用冷水冲→脱去或剪去烫伤部位的衣物→把烫伤的部位直接放在冷水中浸几分钟帮助降温。如果伤口处已经破开，就不可再行浸泡，以免感染。

②如果烫伤部位没有起水泡，可以在烫伤表面涂抹烫伤膏；如果有伤口，用干净的纱布简单包扎伤口（轻轻盖在烫伤的部位），随后尽快带宝宝去医院进行进一步检查和治疗。

如果遇到宝宝被烫伤的情况，家长需要注意的是：

①如果烫伤过于严重，应先用干净纱布覆盖伤口或暴露伤口，再迅速送往医院治疗。

②如果烫伤面积大于手掌的话，也应去医院，专业的处理方式可以避免留下疤痕。

③烫伤处应避免在阳光下直射，包扎后的伤口不要接触水，烫伤的部位也不要过多活动，以免伤口与纱布摩擦，延长伤口的愈合时间。

如果遇到宝宝被烫伤的情况，需要禁止的是：

①禁止用冰敷的方式治疗烫伤，冰会损伤已经破损的皮肤导致伤口恶化。

②禁止刺破水泡，以免伤口感染。

③任何油剂、酱油、牙膏等东西都不宜涂在伤口处，这样不仅会刺激受伤的皮肤，还容易使伤口感染发炎。

④切勿使用黏性敷料或有绒毛的布料覆盖伤口，以免给后面的处理带来不便。

⑤当烫伤位于有衣物覆盖的地方时，不要第一时间脱掉衣物，以免撕裂烫伤后的水泡。可先行用水冲洗降温，再小心地去掉衣物。

预防宝宝被烫伤，家长需要注意的是：

①宝宝在这个阶段已经会挥动手臂，所以当你抱着宝宝时，不要吸烟、喝热饮或者在炉子旁做饭，并且应该将热饮，如开水、咖啡或者茶水放在宝宝够不着的地方。

②给宝宝兑洗澡水的时候，应该先放冷水再放热水，洗澡前先用水温计或者自己手背测试水温，避免洗澡水过烫，水温一般不宜超过 40 摄氏度。

③天冷时，使用热水袋时应用衣被隔开；不要在宝宝的被子里放热水袋、电热袋等，以防宝宝烫伤。

④把奶加热后，要试了温度后再给宝宝喝；不要在宝宝头的上方传递热饮。

⑤这个阶段的宝宝可以爬来爬去抓取任何东西，不要把热的杯子或汤碗等放置在低矮的桌子上或桌子的边缘。

⑥桌子不要铺桌布，避免桌上有热饮时桌布被宝宝拉扯掉而烫伤宝宝。

⑦不要让宝宝进厨房，无论是宝宝自己爬进去还是家长抱进去。

⑧家用电热设备，如电熨斗、电热锅、电热煲、饮水机或热水瓶要远离宝宝，也不要随手将这些用具放置在地上，应放在宝宝够不到的地方。

跌落的处理和预防

宝宝在出生不久，就会用脚踢、用手摆或推可触及的物品。这些都可能导致宝宝跌落。当宝宝日益长大，并能翻滚，这时如不适当保护，宝宝就会翻滚进而跌落下来。

如果遇到宝宝跌落的情况，家长应该做的是：

①如果头部着地，不哭不闹的宝宝一定要送医院检查，注意在送往医院途中不要晃动宝宝的头部，尽量以温和的方式固定宝宝的头部，如在头部两侧放上沙袋或米袋。

②有严重出血的宝宝，要立刻抬高出血的肢端，压迫止血，注意保暖，拨打 120 急救电话。

如果遇到宝宝跌落的情况，家长需要注意的是：

①当有骨折征象时，千万不要随意移动宝宝，特别是肋骨骨折的宝宝。

②如果有手脚骨折，可用绷带和夹板将受伤的肢体与健康的肢体固定在一起，以免搬运过程中对宝宝造成更大的伤害。

预防宝宝跌落，家长需要注意的是：

①不要把宝宝单独留在换尿布的桌子、床、沙发和椅子上。在给宝宝换尿布时，如需转身或移动身体取东西，你的一只手一定要护着宝宝。

②当你不能抱宝宝时，把宝宝放在安全的地方，如婴儿床上和婴儿用的围栏中。

③宝宝也许在 6 个月就会爬了。请为楼梯装上安全门， 要随时关上门。

④检查一下窗户、窗台以及阳台。窗户边不要放置宝宝可攀爬的桌子、凳子和沙发等家具，如果床或沙发靠近窗台，则需要将窗台封闭。窗户上要安装一定高度的栏杆，窗户要保持关闭，或开一定的宽度（这个宽度宝宝不能爬出去），阳台的栏杆要足够高，不能低于 1.1 米。

⑤防止绊倒、失足和跌倒。有台阶的地方要有足够的亮度，不放置任何东西，至少一边有扶手。清理过道上的杂物，玩具玩后要收好，当地面上有水时要马上擦干，在浴缸或淋浴间内安装扶手和铺防滑垫。保护家中老人的安全也很重要，因为老人经常会抱着宝宝，为老人创造安全的环境也非常重要。

误食的处理和预防

当宝宝把随手抓起的东西往嘴里塞时，父母就要开始注意了，避免宝宝触手可及的地方出现硬币、小珠子、电池等易被误吞的物品。这些物品可能会被宝宝误吞阻塞气道导致宝宝窒息。药品、化学品被宝宝误食也会导致宝宝中毒。

如果遇到宝宝误食的情况，家长应该做的是：

如果宝宝发生气道阻塞，你要有所准备。如果你还未能掌握抢救一个气道阻塞的宝宝的技能（心肺复苏术），那么现在请尽快学习，可以向医生了解一些学习的途径，学会怎样来救助一个气道阻塞的宝宝。知道万一发生这种情况时，你要采取的步骤是什么。如果你的宝宝因为误食而中毒，应该拿上该物品，马上将宝宝送往医院就诊。

如果遇到宝宝误食的情况，家长需要注意的是：

①如果宝宝因吸入药品、化学品中毒，应立即将他移离有毒场所，让他呼吸新鲜空气，呼出呼吸道分泌物，必要时给他吸氧；如果宝宝有发生昏迷的情况，要注意舌根后缀和喉头水肿引起的窒息。

②如果宝宝因口服药品、化学品中毒，家长不要自己给宝宝喝水或催吐，除非得到医生的指示，因为不同的误服采取的处理方法是不一样的。

③病情严重者，赶紧拨打 120 去医院，家长要正确叙述整个过程（包括告知宝宝的年龄、体重和身体状况，告知误服了多长时间），这是为了帮助医生马上确诊，此外，还要带上可能误服的药品、化学品，如有其外包装和说明书也一并带上。

预防宝宝误食，家长需要注意的是：

①千万不要把小的物品放置在宝宝可以接触到的地方，即使一会儿也不行。

②千万不要给宝宝吃硬的食品，如生胡萝卜、苹果、葡萄、坚果、爆米花。要把给宝宝吃的食品切成薄片。

③家中的药品和化学品（清洁剂等）要放在高处或锁起来。记住，当你的宝宝探索时，他只有好奇，而不会记住你曾说过的“不”。

④给宝宝服用药物时，要仔细阅读说明书，或按医嘱服用。

⑤正确管理家中药品、化学品的储藏。药品和化学品储存在原包装容器中，千万不要用饮料瓶储藏，否则容易导致被家中其他成员（包括宝宝）误认为是饮料；及时扔掉过期和不用的药品；相同药品不可合并存放（特别是液体药品），防止因药品保质期不同而产生不良反应；最重要的是要把药品、化学品放在宝宝够不到之处或上锁保管。

⑥正确使用家中的药品。在使用药品之前，详细阅读标识和说明书，确保给药剂量、时间间隔和方法是正确的；在任何情况下，不要让宝宝自己拿药吃，特别是6岁以下的宝宝；家中长期服药的慢性病患者不要当着宝宝的面吃药，以免宝宝模仿而误服药物；要使用儿童专用/儿童剂型的药物，不要擅自将成人药物给宝宝服用。

溺水的处理和预防

说来你可能不相信，在家备受看护的宝宝恰恰最容易在家中溺水。这个阶段的宝宝溺水有一半发生在自己家中的浴缸或浴盆中。其主要原因是看护不当或溺水时看护人不在现场、看护人离开现场做其他的家务、看护人接听电话或与来客讲话等。

关于溺水所导致的后果，你必须知道的是：宝宝一旦发生溺水，大概2分钟后便会失去意识，4～6分钟后身体便会遭受不可避免的伤害；15%的溺水儿童经医院抢救无效死亡，20%的溺水儿童抢救后虽然得以幸存，却会残疾或者有终身的后遗症。在这样的后果面前，我们要做的就是履行使好监护人的职责，认真看护，避免因看护不到位而发生无法挽回的意外。

如果遇到宝宝溺水的情况，家长应该做的是：

①如果宝宝溺水后是清醒的，有或无咳嗽，不伴有呼吸困难症状，这时候只要安慰宝宝、鼓励宝宝咳嗽保持呼吸道通畅，拨打120并等待医护人员到达就可以了。

②如果宝宝溺水后神志不清，但仍然有呼吸和脉搏，就要先清理宝宝口、鼻中的异物，保证他呼吸道通畅，可以使之平卧于稳定的侧卧位。这时候要密切观察宝宝的呼吸和脉搏状况，直到120急救车到达。

③如果宝宝溺水后是完全没有呼吸和脉搏的，就需要立刻开始进行心肺复苏。尽管现场抢救不是每次都能成功，但心肺复苏是现场施救成功率最高的方法。

如果遇到宝宝溺水的情况，家长需要注意的是：

在抢救溺水者的时候，很多老方法是把溺水者“倒挂”控水，或许是希望通过倒挂的姿势将进入胃部及肺部的水控出，但实际上“倒挂”控水在溺水急救中不仅没有任何帮助，有时还会拖延救治（耽搁对呼吸、心搏骤停者实施心肺复苏），操作不当还会加重误吸（会对昏迷者造成返流甚至窒息风险），增加死亡概率。所以，抢救溺水者不需控水。

预防宝宝溺水，家长需要注意的是：

①给宝宝洗澡时，宝宝可能自己爬或站起而滑入水中，因此要全程陪伴，千万不要离开宝宝。

②给宝宝洗澡时，如果要接电话或开门等，要把宝宝抱出水盆，放回小床上，不要留他在水中玩。

③避免在脸盆、浴缸、水桶中蓄水，以免宝宝因为好奇而跌入溺水。

④婴儿洗澡椅和婴儿游泳圈都无法替代成人的看护，深度为 2 厘米左右的水也可能使一个婴儿溺水。当宝宝在水中或水边的时候，要始终保持与宝宝一臂之内的距离。

⑤学会心肺复苏的方法，将有可能挽救溺水宝宝的生命。

汽车安全座椅的选择

使用儿童汽车安全座椅已被证明能有效降低交通事故对宝宝的生命构成威胁的概率。为宝宝准备一个合适的汽车安全座椅，他将会十分安全，还能养成良好的坐车习惯，并能让你安心地驾车。

儿童汽车安全座椅的选择有三大要点：

安全认证：认准 3C 认证与欧洲 ECE R44 标准认证（见表 2-5）。

表 2-4　3C 认证与欧标 ECE R44 标准认证

认证名称	简介
3C 认证	又称 CCC 认证（China Compulsory Certification），是“中国强制性产品认证”的英文缩写
欧洲 ECE R44 标准认证	欧洲经济委员会就机动车上儿童乘客的安全防护系统颁布了第 44 号法令。每个获得 ECE 认证的安全座椅都有独特的编号，方便识别与追踪。自 2008 年起，R44/01 与 R44/02 已经被禁止贩卖或使用，因此现在购买儿童安全座椅请务必认准 R44/04（最新版本）或 R44/03。验证一个安全座椅的 ECE 认证是否为真，需要 ECE 证书的编号以及发证机构的名称，然后通过发证机构查询编号

因孩不同：依据宝宝的身体条件选择儿童汽车安全座椅。

除了考虑年龄因素外，更需要根据宝宝的发育水平（身高、体重）选择合适的座椅。家长可以根据每款安全座椅适用的体重，为自己的宝宝选择最合适的座椅。

因车而异：儿童汽车安全座椅接口与汽车接口相匹配。

儿童汽车安全座椅有三种固定方式：汽车安全带、欧洲标准的 ISOFIX 固定方式、美国标准的 LATCH 固定方式。

记住这三大要点，就能从市面上各式各样的汽车安全座椅中找到适合自己家宝宝的那一款。其实没有一种汽车安全座椅是最安全和最好的，只能说最适合宝宝身高、体重的才是最好的，同时要正确地安装在汽车中，并且每次都正确使用。

在使用汽车安全座椅的时候，家长应该注意是：

①将宝宝的安全座椅放置在汽车的后座，并使宝宝脸面向后坐。

婴幼儿乘车时一定要使用后向式汽车安全座椅，直到宝宝年龄超过 2 岁，或者身高、体重达到了说明书中设置的上限。后向式汽车安全座椅是相对最安全的，最好是在尽可能长的时期内，让宝宝使用这种方式乘车。

②保证儿童汽车安全座椅是正确安装的。

所有宝宝都应该坐在适合他们的年龄、身高、体重的汽车安全座椅或者汽车防护座椅里，并系好安全带。

③小婴儿以及其他年龄的宝宝，一定要坐在汽车的后排。

千万不要抱着宝宝，坐在带有安全气囊的汽车前座，也不要把宝宝放置在带有安全气囊的汽车前座。

④不要把宝宝单独留在车中。

⑤确保每次宝宝在汽车中时，都使用儿童汽车安全座椅。

⑥不要使用经历过车祸，太陈旧，无生产日期、型号标签及说明书的汽车安全座椅，因为已经无法确保它是否还安全。

未满 1 岁宝宝的急救方法

宝宝一旦因异物吸入气道阻塞引发窒息，如未能及时抢救就会心搏、呼吸骤停。这时家长如果能在第一时间进行窒息急救 / 心肺复苏术的现场紧急救护，而不是仅仅拨打 120 急救电话等候医疗救助，对于挽救宝宝的生命将起到至关重要的作用。

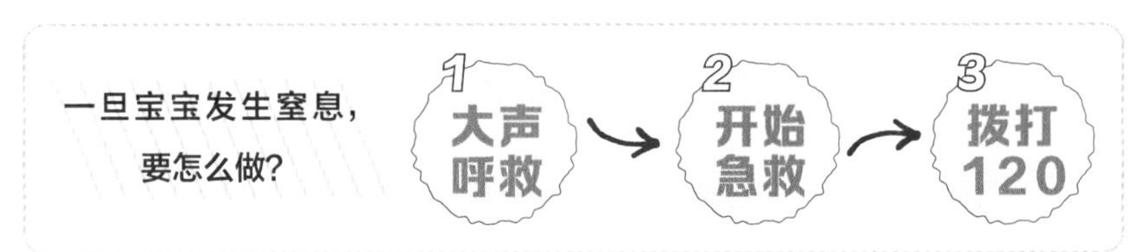

如何辨别是否实施急救?

(1)宝宝完全不呼吸(胸部不再一上一下地运动)。

(2)宝宝无法咳嗽或说话,或者脸色发青。

(3)宝宝无意识,无法回应你(开始进行心肺复苏)。

(1)宝宝可以呼吸、哭泣或说话。

(2)宝宝仍能咳嗽或吞吐空气,宝宝的本能反应在帮助他清理呼吸道。

对于未满1岁的宝宝发生窒息,如何实施急救?

一旦宝宝窒息,无法呼吸、咳嗽、喊叫和说话,按以下步骤操作,并让其他人赶紧拨打120。

(1)把宝宝背部朝上,采用头低臀高位抱稳,在其背部两肩胛骨中点的位置快速拍打5次。

(2)5次拍背结束后,如异物未能排出,将宝宝翻转脸部朝上,翻转过程及翻转后一直保持头低臀高位,食指与中指并拢在宝宝两乳头连线中点正下方进行5次胸外按压。

(3)以上背部拍打和胸外按压两步骤交替进行,直到异物被清除。

如果以上过程中宝宝失去知觉,就要开始心肺复苏术。

心肺复苏术

在宝宝没有意识、没有反应或呼吸停止时进行,让宝宝平躺在硬的平面上。

(1)开始胸外按压: 将一只手的2根手指置于宝宝两乳头连线中点下方的胸骨处,按压胸部,按压深度至少为胸部深度的1/3,或者4厘米;每次按压后,让胸部恢复到正常位置,按压的频率为每分钟至少100次;做30次这样的按压。

(2)开放气道: 开放气道(压额头,抬下巴),如果发现宝宝口中有不明物体,用手指将其清出,千万不要用手指盲目寻找。

(3)开始人工呼吸: 进行1次正常的呼吸(不是深呼吸),用你的嘴严密罩住宝宝的口、鼻部,吹2口气,每次1秒,每次吹气都应该使宝宝胸部起伏。

(4)继续胸外按压: 继续进行30次胸外按压配搭2次人工呼吸,在5轮按压和人工呼吸后(大约2分钟),如果还没有人打120,就自己打。

建议所有的家长和看护者都应该完成心肺复苏的基本课程,并学会处理窒息。

拨打 120，需要清楚讲明下列问题：

☑ 所处的位置（尽量具体或提示标志性建筑）。

☑ 有效联系的电话号码，并保证有人接听。

☑ 发生了什么事情。

☑ 患者人数。

☑ 患者的一般情况。

☑ 事发现场能够给予患者什么急救措施。

☑ 告知其他任何会被询问的信息，不要着急挂电话，确保 120 接听人员无任何疑问后再挂断电话。

4-6月龄必须接种的疫苗及接种时间

（1）脊髓灰质炎减毒活疫苗：在宝宝4月龄时接种。

（2）百白破疫苗：在宝宝4月龄、5月龄时分别接种一次。

（3）乙肝疫苗：在宝宝6月龄时接种一次。

（4）A群流脑疫苗：在宝宝6月龄时接种一次。

可供选择的第二类疫苗

宝宝4～6月龄时可以选择的收费疫苗：

（1）宝宝6月龄时可以考虑接种EV71疫苗，以预防由EV71导致的手足口病。

（2）宝宝6月龄时还可以接种流感疫苗，以预防流行性感冒。

小熊医生为你解惑

·辟谣栏目·

宝宝适合吃蜂蜜吗

蜂蜜虽然是一种比较好的食物，但不是所有人都适合食用，特别是年龄较小的婴幼儿。如果食用不当，可能会引起不良后果。1 岁以内的宝宝不可以吃蜂蜜，也不要在宝宝的配方奶、食品、水中添加蜂蜜。原因主要有以下几点：

①蜂蜜在酿造、运输及储存过程中容易被微生物污染，比如受到肉毒杆菌的污染。而婴幼儿胃肠道系统尚未发育成熟，抵抗力较低，细菌对 1 岁以内的宝宝来说是很大的威胁。婴幼儿食用含肉毒杆菌的食物，容易引起食物中毒等严重后果。

②1 岁以内的宝宝很容易对蜂蜜过敏，所以小宝宝不应该吃蜂蜜。

③蜂蜜糖分高，过早给宝宝吃蜂蜜，很可能会使宝宝对其他食物没有兴趣，影响宝宝吃辅食。

★如果 1 岁以内的宝宝不小心误食了蜂蜜制品，也不必过分紧张，家长可以观察宝宝是否在食用后 8 ~ 36 个小时内出现不良反应，如果没有出现恶心、食欲不振和过敏症状，则表示宝宝状况良好。否则，应立即带宝宝就医。

★ 1 岁以后的宝宝，家长可以根据宝宝对食物的敏感程度做具体判断。如果宝宝对食物有过敏反应，应慎重食用。如果宝宝没有特殊过敏反应，家长在喂养蜂蜜及相关食品的时候一定要控制用量，一次喂养 1/3 茶匙蜂蜜即可，且不要频繁食喂养，以避免蜂蜜中的激素对宝宝产生影响。

宝宝可以吃儿童酱油吗

1 岁以内的宝宝不可以吃酱油，也不可以吃盐。因为酱油中含有盐，宝宝对盐的敏感度高。虽然在饭菜里加了酱油成人不觉得咸，但是宝宝可能觉得咸。即使是一点点的盐也会对宝宝的肾脏造成负担，继而影响宝宝的身体发育。除上述的危害外，吃过咸的食物还会造成宝宝不愿吃乳类，偏爱浓味的食物，容易导致挑食的习惯。

一般来说，宝宝满 1 岁后，家长就可以在宝宝的饭菜里放一点点酱油，但只能是特别少量。另外由于酱油的主要原材料是黄豆，家长需要注意宝宝有没有对黄豆过敏，如果有的话，就不要给宝宝食用酱油了。

? 宝宝手上长倒刺是缺锌吗

宝宝的皮肤非常娇嫩，如果宝宝经常抓挠物体却没有得到很好的保护，就会出现手指磨破以及长倒刺等各种情况。比如宝宝很喜欢吃手，导致手指长期泡在唾液里面，损伤指甲周围的皮肤；或者宝宝很喜欢玩水、经常使用洗手液等洗涤剂；或者经常用手触摸干燥、粗糙的东西，就会导致指甲周围皮肤干燥、脱皮、长倒刺。因此，宝宝手上长倒刺不一定是缺锌，应该结合其他症状一起判断。

? 宝宝需要补充鱼肝油吗

鱼肝油的主要成分是维生素 A 和维生素 D。此外，鱼肝油还含有角鲨烯、烃安甘油、EPA 和 DHA。维生素 A 能够维持机体正常生长，促进上皮组织健全，抗感染。维生素 D 能够促进小肠黏膜对钙、磷的吸收，促进肾小管对钙、磷的重吸收。在宝宝生长发育过程中，适量补充鱼肝油不但能够促进宝宝对钙和磷的吸收，帮助宝宝骨骼发育，还能预防维生素 D 缺乏导致的佝偻病的发生。

给宝宝吃鱼肝油，就是为了给宝宝补充足够的维生素 A 和维生素 D。也就是说，“维生素 AD 滴剂”基本等同于“鱼肝油”，只不过前者属于药品，而后者很多属于保健品，但主要成分是一样的，只要吃其中一种即可。

那么要吃多少剂量呢？无论采用何种喂养方式，足月出生的宝宝应每天补充 10 微克的维生素 D，以预防佝偻病的发生。2 岁以后，需要结合日常生活来确定，最好能继续补充到青少年时期。早产儿则要增加至每天 20 微克。一般来说，如果宝宝没有明显的缺钙征象，就不要额外补充钙剂了。还需要注意的是，不要给宝宝超量服用，不然会损害宝宝发育不成熟的肝脏、肾脏等器官，引起中毒。如果家长们实在担心，可以在医生的指导下根据宝宝能否接受充足的日晒，宝宝的胎龄、体重、奶品摄入情况等综合判断，同时密切观察宝宝有无不良反应。

如何给宝宝选择鱼肝油呢？市面上的鱼肝油品牌和种类众多，家长们应选择正规厂家生产，各种标志、说明书齐全的产品。家长们需要特别注意的是千万不要“眼花”，误把鱼油当作鱼肝油给宝宝吃。

7~12 月龄

宝宝如何戒夜奶？

什么时候给宝宝戒夜奶？

宝宝吃夜奶是新生儿时期就自然养成的习惯，家长要遵循按需喂养的原则。一般来说，当宝宝 6 个月的时候家长就可以适当添加辅食了，因为在这个时候宝宝需要的营养仅从母乳和配方奶中获取是不够的。而且，随着各种辅食的补充，宝宝也不会那么饿了。所以从这个时候开始，妈妈就可以给宝宝戒夜奶了。

如何更好地戒夜奶？

宝宝出生后，不论白天是否睡觉都应拉开窗帘，家人可以正常走动、说话，这样能让宝宝很快适应白昼；夜间关掉所有灯，全家安静，宝宝会逐渐适应夜晚而延长夜间睡眠时间。延长夜间睡眠时间就可减少夜奶次数。建议家长和宝宝分床睡，如果夜间大人与宝宝同床，不利于宝宝夜间睡长觉。循序渐进，逐渐减少夜奶次数，就能轻松断夜奶。

如何满足宝宝的吮吸需求？

妈妈要在白天充分满足宝宝的吮吸需求，尽量多为宝宝提供能够满足其吮吸需求的物品，让宝宝的吮吸变得更加有趣，让宝宝吮吸的口感变得多元化。宝宝半夜醒来的时候，可以帮助他把小手放在嘴里，这样他就能够满足自己的吮吸需求了。

如何保证宝宝夜间的饱腹感？

一般来说，在宝宝睡前的一个半小时吃晚餐是最合适的。父母在做晚餐的时候也需要更加用心，做一些宝宝喜欢吃的东西，这样宝宝就能够吃饱。如果宝宝的食量比较小，可以在睡前大概一个小时再给他吃一些小点心。如果宝宝一定要吃奶才可以睡着，那就把最后一顿奶的时间推迟，让宝宝能够吃饱。适当延长白天吃奶的间隔时间，根据宝宝的情况增加奶粉的用量，从延长喂奶间隔时间和增加奶粉用量两方面双管齐下是很管用的。

温馨提示

在这里需要提醒妈妈的是，如果宝宝真的是夜间饥饿的话，继续哺乳也是可以的，这种夜奶是不能够戒除的。我们要戒除的是那些错误地被当作宝宝有“哺乳需求”的夜奶，妈妈要注意分辨！总的来说，戒夜奶不是一朝一夕的事，一般 6 个月之后夜奶是需要慢慢戒除的。爸爸妈妈一定要坚定决心，相信是可以成功断夜奶的。

此阶段宝宝应摄入多少奶量？

6月龄～1岁，在宝宝开始添加辅食后，一般建议每天奶量保持在800毫升左右。其中，母乳每天总量不低于600毫升，每天喂4～6次；配方奶每天总量600～800毫升，每天喂4～6次。

7～12月龄的宝宝，因已添加糊状食物和固体食物等辅食，对水的需求量会增大，建议多给宝宝补充水分，一般每天补充3～4次，每次50毫升左右。

温馨提示

满6月龄后开始给宝宝添加辅食，随着辅食逐渐添加，奶量相应减少，但母乳和配方奶依然是宝宝的主要营养来源。

科学添加含铁辅食

有家长问："我怕宝宝缺铁，不检测怎么看出缺不缺啊？"其实，真到能"看出"缺铁的地步，那情况可能已经比较严重了。与其等着观察症状，不如平时就预防宝宝缺铁。

如何预防缺铁？

营养良好的妈妈可以给胎儿提供足够的生长发育所需的铁，宝宝出生时有足够的铁储存。母乳中也含有铁，虽然含量低，但生物利用度较高。4～6月龄足月的纯母乳喂养的宝宝一般不会发生缺铁性贫血。然而，新生儿体内的铁在4～6个月内会消耗殆尽，6个月后，宝宝需要每天添加1mg/kg的铁作为额外补充。建议宝宝满6个月后，开始循序渐进地添加含铁丰富的辅食，如铁强化婴儿米粉，然后根据月龄和宝宝的接受程度，逐渐增加红肉等含铁丰富的食物。

如何训练宝宝学会“手抓食物”？

训练宝宝“手抓食物”可以说好处很多，既能锻炼宝宝的精细动作，培养宝宝的独立性，又有利于培养宝宝良好的进餐习惯。家长应该精心准备一些宝宝可以自己吃的食物，千万不要因宝宝自己在进食时把一切都搞得乱七八糟而剥夺了宝宝的兴趣，要让宝宝把自己吃饭变成一种快乐。

主食

家长可以准备一些煮好的蔬菜，比如切成小块的四季豆、胡萝卜、西葫芦，以及去筋的嫩菜豆、红薯等，当宝宝开始抢勺子和筷子的时候，不妨给他这些小块食物。

水果

家长可以为宝宝准备一些小的或切成两半的草莓，切成片的生梨、桃子、香蕉、杏子、芒果、李子，以及无籽的甜瓜和西瓜等，但要注意确保水果成熟并去皮。

零食

家长可以准备一些宝宝可以自己抓着吃的零食，重要的是要以正餐为主，零食为辅。零食的量不要过多，可在每天中晚饭之间，给宝宝一些点心，而餐前1小时内最好避免给宝宝吃零食。睡前不要给他吃零食，尤其是甜食。也可以给宝宝选择全麦饼干、面包等食物，但量要少，质要精，把食物切成小块，花样要经常变化。

7~9 月龄宝宝的一日膳食和作息安排

7 ~ 9 月龄的宝宝每天奶量至少 600 毫升。辅食逐渐达到蛋黄和（或）鸡蛋 1 个，肉、禽、鱼 50 克；适量的强化铁的婴儿米粉、厚粥、烂面等谷物类；蔬菜和水果以尝试为主。少数对鸡蛋过敏的宝宝应回避鸡蛋，相应增加约 30 克肉类。

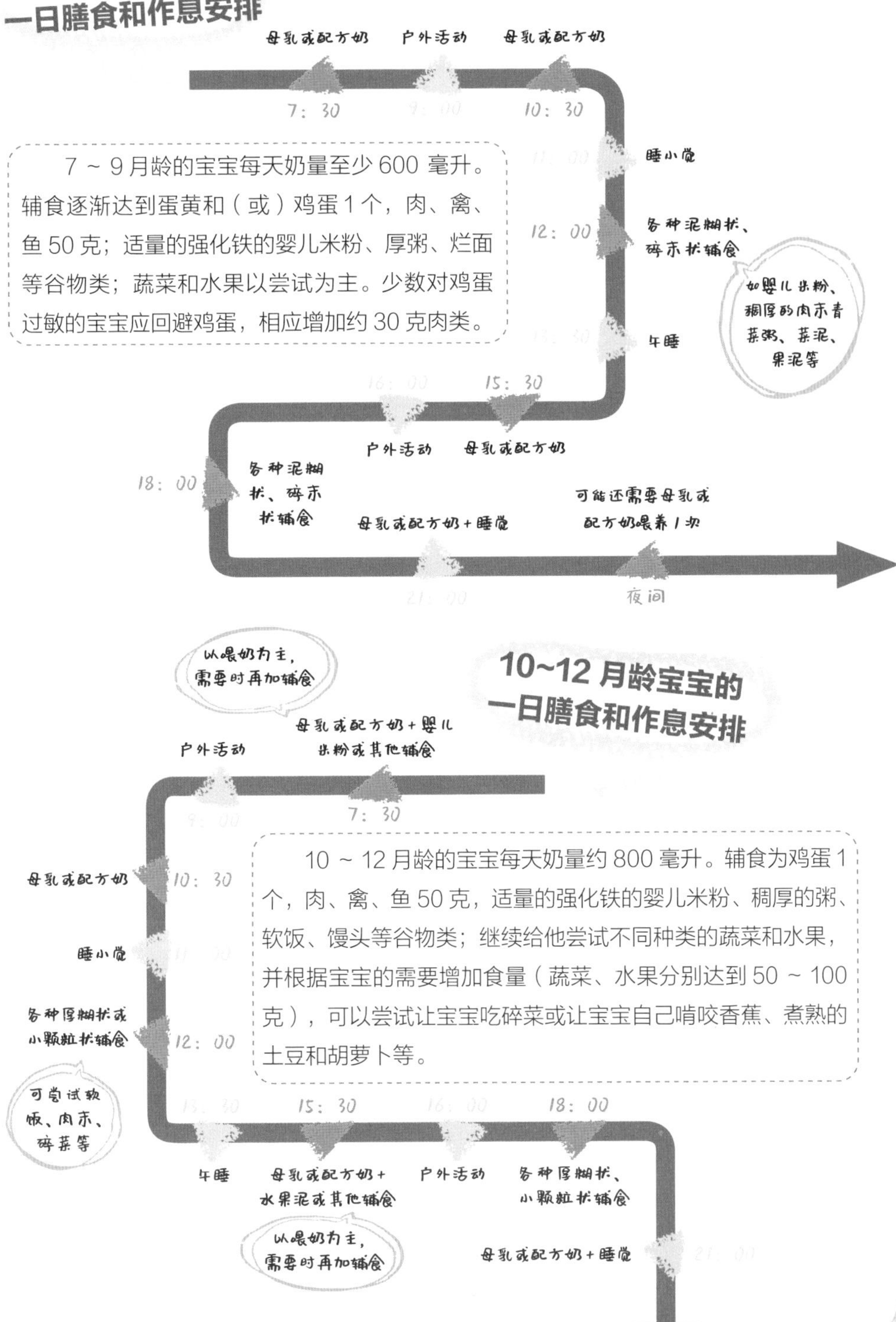

10~12 月龄宝宝的一日膳食和作息安排

10 ~ 12 月龄的宝宝每天奶量约 800 毫升。辅食为鸡蛋 1 个，肉、禽、鱼 50 克，适量的强化铁的婴儿米粉、稠厚的粥、软饭、馒头等谷物类；继续给他尝试不同种类的蔬菜和水果，并根据宝宝的需要增加食量（蔬菜、水果分别达到 50 ~ 100 克），可以尝试让宝宝吃碎菜或让宝宝自己啃咬香蕉、煮熟的土豆和胡萝卜等。

7~12 月龄

营养补充剂应该怎么吃？

维生素 D、鱼肝油、维生素 AD，怎么选，怎么吃？

2016 版“营养性佝偻病防治全球共识”建议，无论何种喂养方式的婴儿均需每天补充 10 微克维生素 D；12 月龄以上儿童每天至少需要 15 微克维生素 D 。具有高危因素的婴儿如早产儿需要在出生后前 3 个月每天补充 20 微克维生素 D ，之后维持每天 10 微克。中华医学会儿科学分会儿童保健学组发布的《0 ~ 3 岁婴幼儿喂养指南》提出至少补充维生素 AD 至宝宝满 3 岁。

在选择产品时，家长们不要总是认为选择海外产品就高枕无忧，很多被推荐的国外产品所含剂量偏低，宝宝们在长期补充中会因为维生素 D 缺乏而出现钙缺乏系列症状。家长们在选购维生素 AD 产品时需要查看剂量，部分所谓鱼肝油的制剂除了含有维生素 AD，还含有 DHA，所以家长们要查看和识别成分和所含剂量。

宝宝要补钙吗？怎么选，怎么吃？

儿童补钙应以日常饮食摄入为主。日常生活中富含钙的食品有乳类、鱼类、豆类、绿色蔬菜等。中国营养学会建议，儿童钙摄入量为 0 ~ 6 月龄宝宝每天 400 毫克，7 月龄 ~ 2 岁的宝宝每天 600 毫克，3 ~ 9 岁的儿童每天 800 毫克。中华医学会儿科学分会儿童保健学组发布的。《0 ~ 3 岁婴幼儿喂养指南》提出宝宝在正常情况下无须额外补充钙剂，家长们也无须将补充钙剂和补充维生素 D 两种情况同等对待，正常补充维生素 D 即可。当家长发现宝宝有缺钙表现时，要在医生诊断后选择合适的钙剂。由于儿童身体娇嫩，肠胃功能较弱，应选择纯度高、成分单纯、易吸收的口服补钙钙剂，不宜选择复合钙。

乳牙护理

6 月龄的宝宝开始流很多口水了、喜欢咬东西了、晚上睡觉哭闹了……很多爸妈就会问医生："我的宝宝是不是要长牙了？"然后盼了 2 个月没看见宝宝的乳牙萌出，又着急地找医生："我的宝宝是不是缺钙啊？"有的宝宝在 4 月龄就长牙了，家长又会琢磨："我的宝宝是不是钙太多了，还要不要补鱼肝油啊？"

乳牙一般什么时候萌出？受什么因素影响？

宝宝在出生的时候乳牙已完全矿化，只不过牙胚隐藏在颌骨中，被牙龈覆盖，我们看不见它们。多数宝宝的乳牙在 4 ~ 10 月龄时开始萌出，2 岁半左右出齐，但萌出的时间、顺序和出齐的时间个体差异很大，也有宝宝在 1 周岁以后才出牙，3 岁以后才出齐，正常情况下全部乳牙总共有 20 颗。牙齿的生长与遗传、内分泌、妈妈孕期及宝宝婴幼儿期营养、咀嚼运动、口腔护理等因素有关。蛋白质、钙、磷、氟、维生素 C、维生素 D 等营养素，是健康牙齿的营养基础，但出牙晚不一定是缺钙，早出牙的宝宝也不代表钙营养充足。另外，咀嚼运动有利于牙齿的生长。牙齿萌出异常还要排除某些疾病，如佝偻病、甲状腺功能减退症等。

宝宝出牙会有什么表现？

萌牙是生理现象，但可伴有流涎、低热、烦躁及睡眠不安等症状。宝宝在出生 4 个月以后，唾液腺发育逐渐成熟，唾液分泌量会增加。由于婴儿口腔相对较浅，吞咽功能没有发育完善，经常会流口水，这种现象被称为生理性流涎。所以"流口水"不一定是出牙的征象，只不过这个时候又恰好是有些宝宝出牙的月龄，而且乳牙萌出对牙龈神经的刺激，也确实会使唾液分泌量进一步增多。对于"流口水"多的宝宝，父母多注意观察，以及帮宝宝做好皮肤护理就行了。

出牙引起发热的情况并不多，该年龄段宝宝的发热更多是感染（如感冒）等因素引起的，但宝宝出牙或多或少会有疼痛的感觉，宝宝会表现得烦躁和睡眠不安，有时会哭闹，有时体温会短暂升高，表现为低热。这时就需要家长给宝宝温柔的安抚了。按摩牙床能部分缓解宝宝疼痛的感觉，有些宝宝喜欢咬牙胶，6 月龄以上的宝宝还可以吃磨牙饼干，宝妈们也可以使用在冰箱里冷藏过的干净湿毛巾或家庭自制水果冰棒来帮助宝宝缓解出牙疼痛。

乳牙萌出的顺序是怎样的？牙齿长得歪歪扭扭怎么办？

乳牙萌出的顺序，一般是下颌先于上颌、由前向后进行，但个体差异很大，所以怎样的顺序并不重要。乳牙刚长出来时有可能是歪的，但多半会慢慢长整齐。有些宝宝刚长出来的门牙牙缝特别宽，也不用担心，旁边的乳牙长出来后会慢慢“挤”回去，一般没有必要矫正。但如果宝宝出现颌骨畸形（很少见），则需要尽早矫治。

所有的乳牙都会换掉吗？乳牙患龋齿是否需要治疗？

一般 7 ~ 8 岁时宝宝的乳牙开始脱落，恒牙开始长出，换牙顺序与乳牙萌出顺序基本相同，所有的乳牙都会被换掉。有些家长说，反正乳牙都要换，就算乳牙坏了也不要紧吧？然而，乳牙坏了如果不及时治疗，易侵蚀宝宝的牙髓，引起疼痛不适，影响宝宝的咀嚼功能，造成营养不良，严重影响生活质量及健康，甚至影响恒牙牙胚发育造成恒牙畸形。恒牙可是要伴随宝宝一辈子的。因此，乳牙也要好好呵护，预防龋齿，及时治疗。

乳牙怎样护理呢？

（1）重视营养。6 月龄内宝宝建议纯母乳喂养。相对于人工喂养，母乳喂养使宝宝乳牙患龋病的风险降低。妈妈孕期及宝宝婴幼儿期均要摄入充足的蛋白质、钙、磷、氟、维生素 C、维生素 D，多食含纤维素丰富的食物，少吃含蔗糖类的碳水化合物。对于 6 月龄左右的宝宝要在保持奶量的基础上及时添加辅食，辅食添加不应晚于 8 月龄。咀嚼运动有利于宝宝牙齿的生长，不要长期给宝宝吃过于精细的泥糊状食物。8 ~ 9 月龄时，无须等宝宝长出足够多的牙，就可以开始增加食物的稠厚度，添加需要咀嚼的食物，这样既能满足宝宝的营养需求，又能锻炼他的咀嚼能力。

（2）养成良好口腔卫生习惯。小宝宝每次吃奶后适当用白开水清洁宝宝的口腔。乳牙萌出后要尽早戒夜奶，不要让宝宝长时间含着装有甜奶或甜饮料的奶瓶，尤其不能含着奶瓶睡觉。宝宝在满 1 岁后尽量少用奶瓶，最好用杯子或勺子给他喂流质食物。只要宝宝长出第一颗牙，就要开始给他刷牙，至少早、晚各一次。开始可以将沾湿的纱布缠在手指上，或用“指套牙刷”（套在手指上的硅胶牙刷）给宝宝擦牙齿和牙床。宝宝的上、下颌各长出 4 颗牙后，就可以尝试用软毛的儿童牙刷给宝宝刷牙。牙齿里外和磨牙的咬合面都要刷到。刷牙动作幅度要小、频率要快，避免左右大幅度横刷，防止损伤宝宝牙齿表面及牙龈。牙刷每 1 ~ 3 个月要更换。如果宝宝患呼吸道疾病或消化道感染性疾病，牙刷要及时消毒或更换。什么时候开始用牙膏并没有统一的标准，也有建议一开始就可以用含氟牙膏的，尤其是习惯含着奶瓶睡或有龋齿家族史的宝宝。6 月龄的宝宝的牙膏用量约大米粒大小，3 岁时可用豌豆大小的量。家长如果担心宝宝会吃掉牙膏影响健康，也可以在 2 岁以后或等宝宝能吐出泡沫后再用，不过现在市面上也能买到可以吃的儿童牙膏。

（3）定期做口腔保健。建议宝宝萌出第一颗牙后带宝宝去看一次牙科医生，然后每半年做一次口腔保健。医生会根据宝宝的年龄及牙齿情况，有针对性地给予口腔护理指导，定期安排涂氟等牙齿护理。

如何挑选婴幼儿饮水杯？

6 月龄内的宝宝如果是纯母乳喂养，一般情况下不必额外喝水。即使是配方奶喂养，只要按正确比例冲调，奶量足够，宝宝每天摄入的水分也是够的，除非宝宝生病，如腹泻、脱水等有医学指征的情况下才需额外补充水分。

大家都知道，小宝宝喝奶用奶瓶，所以很多家长觉得，用奶瓶喂水不就行啦，方便、省事！事实上，吸吮奶嘴时，宝宝上颌会受到舌头用力挤压，上下两排牙无法对齐，长期频繁使用奶瓶会导致宝宝的牙咬合不正、牙齿参差不齐，同时还增加宝宝患龋齿的风险。1 岁左右的婴幼儿，如果经常含着奶瓶，不仅会妨碍宝宝的正常活动，而且减少了宝宝学习语言的机会。及早使用水杯，对宝宝身体发育以及认知能力的提高都能起到关键作用。

什么时候该给宝宝戒奶瓶，用杯子呢？

6 月龄的宝宝就要开始学习使用杯子，在 1 岁时就应该停止使用奶瓶，最晚不应该超过 18 月龄。另外，家长还可以结合宝宝的生长发育来判断宝宝是否能够学习使用杯子：如果宝宝满 6 月龄，能独立坐稳，能顺利添加辅食，也就是说“挺舌反射”消失，喂食时不再用舌头顶出勺子，而是会主动地吸食辅食或水，并且能拿稳奶瓶喝奶，家长就可以尝试给宝宝用杯子了。

如何挑选适合宝宝的水杯？

市面上有很多种专门为宝宝设计的水杯，基本可以分为吸管杯、鸭嘴杯、啜饮杯、敞口杯。训练宝宝用水杯的目的，是让宝宝最终学会用普通的水杯（敞口杯）喝水。按使用的难易程度，一般按“鸭嘴杯（4 ~ 7 月龄）、吸管杯（8 ~ 9 月龄）、啜饮杯（10 ~ 12 月龄）、敞口杯（1 岁以上）”的顺序过渡。但每个宝宝接受程度和能力有个体差异，有些宝宝会跳过某个阶段。

除了根据宝宝的年龄选择与能力相应的水杯款式外，还要考虑以下几方面。

★材质

宝宝饮水杯的材质通常有玻璃、PPSU、PES、PP 等，除玻璃外，其余都属于塑料材质。不同材质由于特性不同，各有优缺点。

玻璃材质：质地纯净、无色透明，耐热性与抗磨损度等都很棒，但玻璃材质较为笨重，容易破碎，不隔热，容易造成危险。因此玻璃材质的水杯不适宜单独给月龄较小的宝宝使用。

塑料材质：在塑料材质中，PP 材质价格最低，使用范围最广，性价比较高。但有些 PP 材质不耐高温，不能用沸水消毒。另外，PP 材质的透明度、抗磨损度和强度等各方面的性能也略逊于 PPSU 材质、PES 材质。选购时还要闻闻是否有异味，一般不选择颜色过于鲜艳的塑料杯。

★防呛咳、防漏功能

鸭嘴杯可以先用软嘴一字口的，宝宝掌握技巧后再换硬嘴的。

用吸管杯时，初学的宝宝经常掌握不好力度，很容易一口气吸猛了呛到，或是吸少了喝不到水。建议优先选择吸管是一字口或十字口的防呛、防回流设计的吸管杯。

嘬饮杯其实算是敞口杯的“前身”，防漏设计很重要，一定要保证倒置的时候杯子不会漏水。

敞口杯有斜口杯和普通敞口杯两类，开始可选用斜口杯，有一定倾斜角度可以看清水位，防止宝宝因不熟练而呛到。

较理想的水杯都有防漏功能，避免宝宝洒得一塌糊涂，也方便携带。

★是否容易清洁

宝宝饮水杯必须方便拆卸，且用完要彻底清洗。选购时要看清说明书建议的消毒方法。

★把手和刻度

饮水杯最好有可双手握的把手，有利于宝宝自己拿着学习喝水的技巧。有些水杯有刻度，便于家长计算宝宝每日喝水的量，家长可根据需要选择。

★是否带重力球

带重力球的吸管杯是不错的选择，宝宝在不同的角度都能喝到杯里的水。

★造型设计

造型可爱的学饮杯更能激发宝宝喝水的兴趣，促进宝宝学习自主喝水。

如何挑选婴儿床？

对于宝宝睡床的选择，首先家长要考虑清楚的问题是让宝宝自己睡还是与爸爸妈妈同床睡？是跟爸爸妈妈同房睡还是让宝宝单独睡另一间房？不同的睡床（房）选择，各有利弊。在我国，选择同房、分床的家长比例相对高些。这就涉及选择怎样的婴儿床的问题了。

婴儿床安放的位置

如果父母决定最初和宝宝同床睡一段时间，然后分床睡，最好从满 3 个月起就把宝宝转移到自己的小床上，可把小床安放在大人床旁让宝宝与父母同睡一个房间，这样既能满足亲子的情感需求，又方便父母进行夜间照料，同时克服了同床睡眠存在的弊端，给宝宝创造一个相对独立的空间，为其过渡到独立入睡奠定基础。

不要把婴儿床摆放在靠近窗台、暖气或壁灯的地方，床上也不要安装遮光和不透气的床帏。最好能让婴儿床的床头顶着墙，若床靠墙摆放，注意床沿与墙壁之间最好不留缝隙，以防宝宝滑落夹在床与墙壁之间。

婴儿床的选择

规格：根据家居实际条件选择合适的尺寸。6 月龄的宝宝多数已能翻身，床不能太小，如果计划一直用到宝宝 3 岁，可选择长 120 ~ 130 厘米，宽 60 ~ 70 厘米，承重 30 千克的。围栏高度 [床板（包括床垫）至围栏顶的高度] 非常重要，围栏最好能调节和锁住，既能调低方便护理，又能调高保证安全。调高时应不低于 50 厘米，尤其是在宝宝能扶站后，床栏应高于宝宝腋下，以防宝宝翻出栏杆。围栏栏杆间距不大于 6 厘米，避免宝宝头钻出卡住。

质量：购买符合行业标准的品牌，品质会较有保障。好动的宝宝喜欢在床上翻滚、蹬踏，学会扶站后宝宝会在床上蹦跳，因此床的牢固性最关键，合格的婴儿床大部分使用铁质床底或实木条床底，且对床底与床体之间的连接设计和使用的连接五金件都有严格的要求，一般采用嵌入式或悬挂式连接。正在长牙的宝宝喜欢用嘴巴啃东西，因此床沿、护栏要装上保护套（防咬条）。婴儿床表面应光滑，漆有防止龟裂的保护层，无尖锐的边缘、点和粗糙表面。应重视油漆安全，注意油漆是否符合安全标准，关键要看是否含有重金属和甲醛等有害成分。有轮子的婴儿床必须注意轮子上是否有安全制动装置，且制动装置是否牢固。

床垫：在床垫的选择上，传统的棉制被褥是不错的选择，也可选择质地稍硬、表面平整的海绵或乳胶床垫。床四边可配防撞围栏，并且注意床垫要与床架紧密结合，以防宝宝探头进去。

式样：简单为宜，尽量不要选择带有凸起的雕花装饰的床，因为容易钩住宝宝的衣物，宝宝在竭力挣脱时，就有可能碰撞受伤。床上没必要悬挂太多玩具、饰物，避免干扰宝宝睡眠和带来风险。尤其是不能在宝宝手能够到的地方安放能拆卸零件的玩具或粘贴可撕下的贴纸图案，以免宝宝误吞。根据家居情况考虑是否需要配置可挂纱帐，以挡住蚊蝇侵扰和调节光照。

无论如何，考虑睡眠安全是婴儿床选择和使用的重中之重。

如何建立良好睡眠规律？

宝宝是不是睡得越多越好？一觉应睡几个小时？夜间是不是应一觉睡到天亮？白天应睡几觉？关于宝宝睡眠的特点和规律，爸爸妈妈们往往有很多困惑。其实，不同年龄的宝宝有不同的特点，家长要顺应宝宝的特点，帮助宝宝建立良好的睡眠规律。

宝宝需要睡多久？

新生儿平均每天睡 15 ~ 18 个小时，通常睡眠没有规律，也没有一定的模式。宝宝在 2 ~ 3 月龄时会逐渐开始形成睡眠的昼夜节律。婴儿通常夜间睡 9 ~ 12 个小时，白天睡 2 ~ 5 个小时，个体差异很大。很多宝宝在 6 月龄左右可具备一觉睡到天亮的能力，通常也不需要夜间哺乳，但这个阶段仍有 25% ~ 50% 的宝宝会有夜醒现象。7 ~ 9 月龄的宝宝每天睡 14 ~ 15 个小时，白天会小睡 2 ~ 3 次，共 3 ~ 4 个小时；9 ~ 12 月龄的宝宝每天睡 13 ~ 14 个小时，白天小睡 1 ~ 2 次，共 3 个小时左右。

建立规律的作息时间表

要使睡眠有规律，就必须有规律的作息时间表。但宝宝的作息有一定的个体差异，既要尊重宝宝，又要合理安排。关于作息时间安排，家长可以参考特蕾西·霍格女士在《实用程序育儿法》中提出的“EASY”模式，也就是按照“eat”[吃奶（饭）]—“activity”[活动（玩耍）]—“sleep”（睡觉）的顺序来安排日常生活，Y 指的是“yourself”（自己选择）。1.5 ~ 18 月龄宝宝的作息时间表如表 3-1 所示。

表 3-1　1.5~18 月龄宝宝作息时间表

<table>
<tr><th rowspan="2">时刻</th><th colspan="4">月龄</th></tr>
<tr><th>1.5 ~ 3</th><th>4 ~ 8</th><th>9 ~ 12</th><th>13 ~ 18</th></tr>
<tr><td>6 点</td><td>S</td><td>S</td><td rowspan="2">S</td><td rowspan="2">S</td></tr>
<tr><td>7 点</td><td rowspan="2">E A</td><td>E A</td></tr>
<tr><td>8 点</td><td>S</td><td rowspan="3">E A</td><td rowspan="5">E A E</td></tr>
<tr><td>9 点</td><td>S</td><td rowspan="3">E A</td></tr>
<tr><td>10 点</td><td rowspan="3">E A</td></tr>
<tr><td>11 点</td><td rowspan="2">S</td></tr>
<tr><td>12 点</td><td rowspan="2">S</td></tr>
<tr><td>13 点</td><td rowspan="2">S</td><td rowspan="3">E A</td><td rowspan="2">E A</td></tr>
<tr><td>14 点</td><td rowspan="3">E A</td></tr>
<tr><td>15 点</td><td rowspan="3">E A</td><td rowspan="5">E A E</td></tr>
<tr><td>16 点</td><td rowspan="2">S</td></tr>
<tr><td>17 点</td><td>S</td></tr>
<tr><td>18 点</td><td rowspan="2">S</td><td rowspan="2">E A</td><td>E A</td></tr>
<tr><td>19 点</td><td>E</td></tr>
<tr><td>20 点</td><td rowspan="3">E A E</td><td rowspan="5">S</td><td rowspan="6">S</td><td rowspan="10">S</td></tr>
<tr><td>21 点</td></tr>
<tr><td>22 点</td></tr>
<tr><td>23 点</td><td rowspan="3">S</td></tr>
<tr><td>24 点</td></tr>
<tr><td>1 点</td><td>E</td></tr>
<tr><td>2 点</td><td>E</td><td rowspan="2">S</td><td>E</td></tr>
<tr><td>3 点</td><td>S</td><td rowspan="3">S</td></tr>
<tr><td>4 点</td><td>E</td><td>E</td></tr>
<tr><td>5 点</td><td>E</td><td>S</td></tr>
</table>

培养良好的睡眠习惯

有些家长为了让宝宝多睡一会儿而总是抱睡、哄睡，实际上 6 月龄以上的宝宝白天睡眠的时间会越来越短，家长只需要在宝宝有睡眠信号时，安排好合适的睡眠环境即可。帮助宝宝建立睡前程序，每天晚上坚持提前让宝宝进入一个熟悉的睡前环境，比如宝宝的睡觉时间快到了，先给宝宝洗个澡、换好尿不湿、喂饱奶、营造安静环境、调暗灯光、轻声讲个小故事或唱首摇篮曲、道晚安。通过一套固定的睡前程序，激发宝宝的睡意，并注意观察他的犯困信号，逐渐帮他形成规律睡眠。

7 ~ 9 月龄的宝宝，家长要将夜奶次数控制在合理范围（1 ~ 2 次）。辅食添加稳定后，理论上宝宝不再需要任何夜奶了。有部分夜奶次数本来就少的宝宝会自动将夜奶推迟到凌晨五六点，从而实现自动戒断夜奶。随着体格及神经发育，7 ~ 12 月龄的宝宝，处于活跃的大运动发展阶段，营养需求较高，如果辅食添加不及时、不均衡或能量摄入不足，导致饥饿，或因为坐起、爬行、扶站、扶走等原因，伴随着出牙，可能会出现睡眠质量倒退，夜间睡眠不安或频繁夜醒。这就需要家长给宝宝更多的耐心，合理喂养。白天安排有针对性的大运动练习，处理出牙的不适。而不是频繁奶睡、抱睡，这只会令家长崩溃。如果家长在宝宝入睡的过程中培养了其不良的习惯，如抱着才能入睡或者在怀里晃着才能入睡，以及含着奶嘴睡等，长期会使宝宝形成入睡依赖，宝宝必须依赖这些来自家长的帮助才能入睡。若宝宝在夜间醒来后能学会自我安抚，重新入睡，则其觉醒时间会非常短，并且不会打扰家长。但是如果他们不会自我安抚，就会以哭闹唤醒家长，让家长帮助其重新入睡。即使在白天，哄睡时也不要等宝宝睡熟了才放下，如果宝宝犯困哭闹，可以抱起安抚，但当宝宝平静了就要把他放在小床上，让其自己入睡。

在宝宝作息和“吃玩睡”引导过程中，家长既要通过了解科学的睡眠知识来判断，也要结合宝宝自身的作息节奏来调整安排，切勿过于教条。宝宝不是机器，可能不会每天都按既定的规律和时间来作息。睡眠规律，也不是一天就能形成的，需要一个耐心的引导过程，如果偶尔一两天因为外出、打针等影响了作息，只要不影响大局，也不必太焦虑。科学引导，逐步调整，永远都不嫌晚。

教宝宝适应独立入睡

许多家长对哄宝宝入睡这件事头疼不已，其实与其头疼如何哄睡，不如想想怎么让宝宝自己入睡。一般宝宝在 4 ~ 6 月龄时，“生物钟”逐渐形成，家长要及时帮助宝宝学习识别白天和黑夜的差异，如白天可以适当减少他的睡眠时间，室内光线要亮一些，逗他玩；在宝宝需要睡觉时，把光线调暗些，尽量不要干扰他。如果希望宝宝独立入睡，要在宝宝有睡眠信号时，给他营造良好的睡眠环境，且要坚持在宝宝还清醒时就把宝宝放在自己的小床上，而不是等宝宝睡熟了才放下。

睡觉前要让宝宝吃饱，穿着宽松舒适的睡衣。室内要注意保持安静，避免来自电视、电脑、手机等的噪声及光线刺激，影响宝宝睡觉。晚上关灯睡，必要时可以给宝宝开一盏小夜灯，昏暗的灯光有利于宝宝入睡。婴儿床要放在室内固定的地方，如果计划让宝宝跟父母同房睡，可以把婴儿床放在父母的大床旁，这样比较方便看护宝宝，以免宝宝晚上睡觉的时候踢被子受凉。宝宝在晚上睡醒出现哭闹的时候，可以轻轻地摇婴儿床或轻拍安抚，但尽量不要将宝宝抱起哄睡，否则容易让宝宝产生依赖感。如果宝宝已习惯了需要奶睡、抱睡等依赖方式，则需要重新建立入睡方式，可以分阶段进行，给宝宝一个适应的时间。

第一阶段
戒掉奶睡

首先妈妈要戒掉宝宝奶睡的坏习惯，如果宝宝在吃奶的时候睡着了，应及时放下，宝宝如果哭闹就抱起来轻轻拍打、哼歌哄睡，等宝宝睡着后先放下他的脚，再放他的屁股，最后放下头，但是不要着急抽出自己的胳膊，另一只手继续轻轻拍打宝宝并哼歌，让宝宝持续保持睡眠状态再慢慢把胳膊抽出来。

第二阶段
和宝宝躺在一起睡

第一阶段训练几天后，如果每次放下宝宝，宝宝都不会再继续闹，就进入第二阶段——哄睡模式。宝宝吃饱后或犯困时把宝宝放在婴儿床上（和大床拼在一起），妈妈躺在大床边缘和宝宝挨在一起，胳膊放在宝宝头顶，类似于轻轻拥抱的姿势，另一只手一边轻轻拍打哄睡一边哼歌，给宝宝“抱着哄睡”的错觉，等宝宝沉睡后，妈妈轻手轻脚地离开即可。如果浅睡状态的宝宝发现妈妈离开哭闹起来，需重复此哄睡方式，直到宝宝进入沉睡状态为止。

第三阶段
旁观式哄睡

宝宝习惯第二阶段的哄睡方式一段时间后可进入第三阶段的训练。当宝宝吃饱或犯困时直接把宝宝抱到婴儿床上，妈妈站在或坐在旁边轻轻拍打宝宝并哼歌哄睡，等宝宝沉睡后离开。和第二阶段差不多，如果宝宝发现妈妈离开而哭闹，妈妈再返回去继续哄睡即可。

第四阶段
自主入睡

此时宝宝已经很容易哄睡，应该让他学会自主入睡了。当宝宝犯困时，大人把宝宝抱到婴儿床上，在旁边看着或坐着不哄睡也不说话，如果宝宝继续玩耍，大人也不要打扰，如果宝宝犯困揉眼睛也不要去哄睡，等宝宝自己睡着后帮宝宝盖上被子即可。

如何挑选宝宝衣服？

给任何年龄段的宝宝挑选衣服时，都要考虑材质与安全。7 ~ 12 月龄的宝宝，开始进食奶以外的各种食物，并且活动的范围越来越大，因此要考虑挑选符合该年龄段宝宝特点的款式。

★材质与安全

2016 年 6 月 1 日，我国首个针对婴幼儿及儿童纺织产品的国家标准《婴幼儿及儿童纺织产品安全技术规范》（GB 31701—2015）开始实施，其对童装的安全性能，包括化学安全及机械安全进行了全面规范，以保护婴幼儿及儿童的健康安全。在化学安全方面，对甲醛、重金属及微生物的安全性提出了严格要求。在机械安全方面，要求婴幼儿及 7 岁以下儿童服装的头颈部不允许存在任何绳带；对附属物也做出了规定，要求附属物应具有一定的抗拉强力，且不应存在锐利的尖端和边缘；婴幼儿贴身服装的商标必须缝制在不与皮肤直接接触的位置。家长在选购宝宝衣服时，最好挑选吊牌标有 GB 31701 A 类的服装，表明这件衣服属于婴幼儿纺织品，且宝宝能直接接触皮肤穿着。

宝宝肌肤娇嫩，衣服的材质应舒适、透气、厚薄适中。尤其是内衣，应选择吸湿、排汗功能比较好的天然纤维，以棉质为首选。而外衣则可选择保暖、防风的材质，如摇粒绒，适合秋冬季节。但摇粒绒属于化纤面料，最好不要给宝宝贴身穿着，如果宝宝有皮肤过敏、湿疹等问题也不宜选择摇粒绒材质。

7 ~ 12 月龄的宝宝喜欢抓到什么都往嘴里塞，所以尽量不选择带纽扣的服饰，避免误吞。暗扣款、拉链款或套头款服饰是较好的选择。宝宝玩绳子的时候不管是勒到脖子还是手指都可能导致非常严重的后果，所以要远离抽绳款服饰。还要注意不要选择颈部、胳膊、腿部太紧的衣服，并注意仔细排查线头，避免线头缠绕宝宝手指、脚趾。

★款式

衣服要方便宝宝活动和穿脱，符合该年龄段的活动所需。内衣宜色浅柔软，外衣宜色暗耐磨、耐脏、易洗，避免选择颜色过于鲜艳的衣服，因为颜色鲜艳的衣服的甲醛和重金属容易超标。添加辅食后的宝宝，会逐渐尝试自己抓取食物和用水杯喝水，容易弄脏衣服，可以在宝宝进食时给他穿一件罩衣或围裙，千万别因为怕麻烦而剥夺了宝宝自己进食的机会！

7 ~ 12 月龄的宝宝开始学坐、学爬、扶站等，活动范围越来越大，手脚需要绝对自由，可以选择上下分体的衣服，上衣可以长一点，盖住腹部；裤子裆部深一些，能束住上衣；裤腿稍短一点，以免总被踩到。在宝宝翻滚爬行时，可给他穿上及膝的长袜或戴上护膝。当宝宝学站和走时，可以给他穿防滑袜。除了内衣，必要时给他穿上厚薄适中的外套。

这个年龄段，宝宝外出时间明显增多，外出时可以再穿一件披风或者连体外出服，冬天可能还要给宝宝围上围巾，戴上帽子。

另外要注意，这个年龄段宝宝活动量较大，衣服不要穿得过多，和大人穿得差不多就行，活动时甚至要比大人少穿一些，只要保持手脚温暖即可。如果宝宝出汗，要及时换衣服。

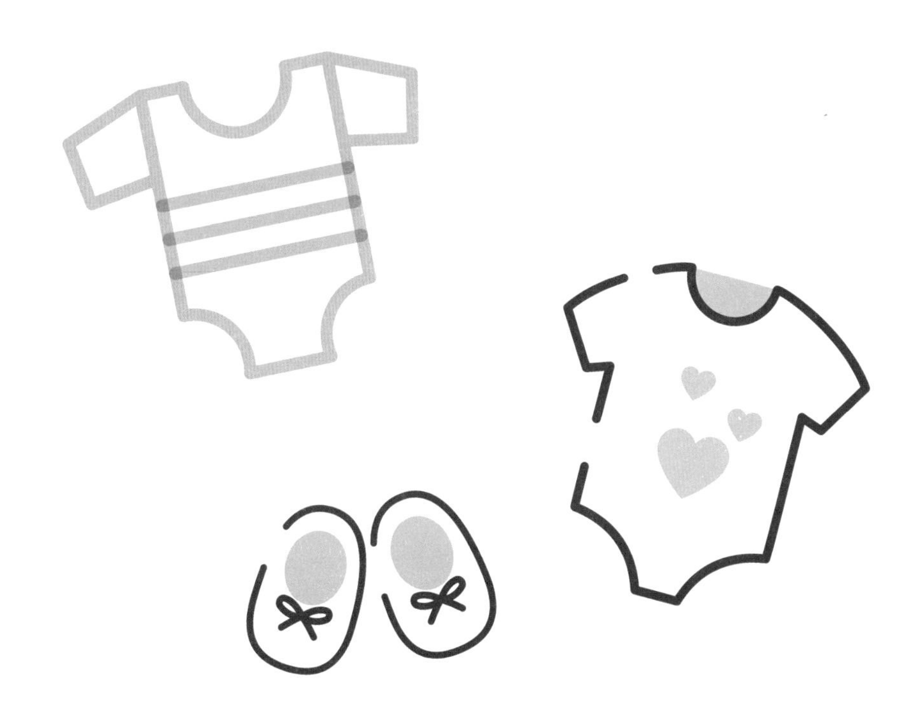

生长发育

囟门的闭合

新生儿的头骨并非一出生就是一个整体，而是由 5 块颅骨组合而成的，出生时没有完全闭合，各颅骨拼接之间形成的间隙，称为门，有前囟和后囟之分（见图 3-1）。

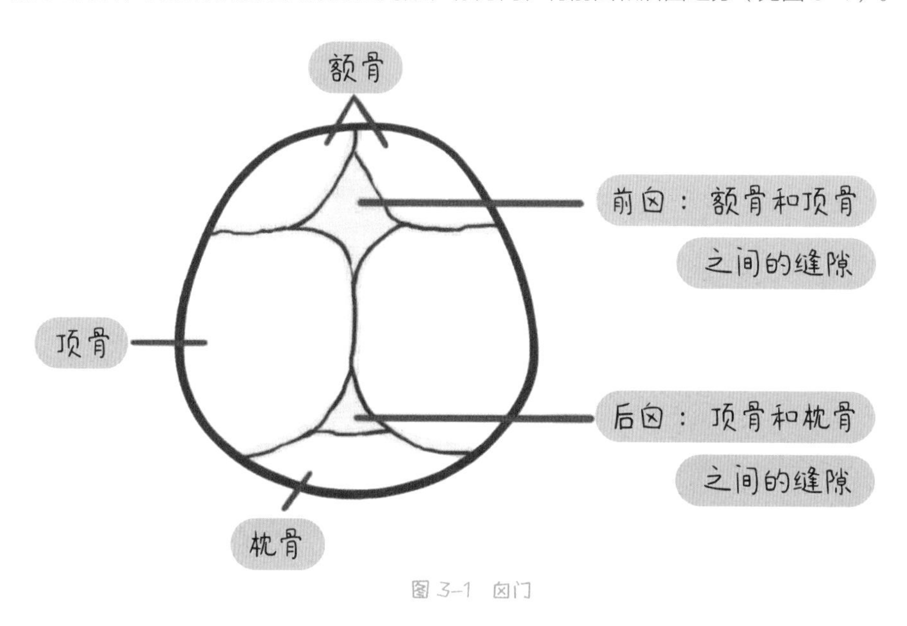

图 3-1 囟门

前囟、后囟及闭合时间

头顶两侧额骨和两侧顶骨之间的菱形缝隙就是前囟，摸上去是柔软的，无骨块存在，和其他位置相比略为凹陷，手指能感受到轻微搏动。后囟是由两块顶骨和枕骨形成的三角形间隙，出生时近闭，6 ~ 8 周龄闭合。大部分宝宝在出生后数月，前囟随着头围的增长而变化，6 个月以后逐渐骨化变小。前囟大小与闭合年龄个体差异较大，正常儿童的前囟大小（对边中点连线）为 0.6 ~ 3.6 厘米，多数在出生时前囟大小（对边中点连线）为 1.5 ~ 2 厘米。有人统计过，正常儿童的前囟可在 4 ~ 26 月龄间闭合，平均闭合年龄为 13.8 月龄。约 1% 的婴儿，3 月龄时前囟已闭合；38% 的婴儿，12 月龄时闭合；24 月龄时 96% 的儿童前囟已经闭合；3 岁以后闭合的为前囟闭合延迟。

前囟闭合过早会影响大脑发育吗

有的宝宝 6 ~ 12 月龄前囟就闭合了，家长很担心，怕头长不大了，影响智力发育。那么，前囟过大、过小，或者早闭、晚闭是否意味着有问题呢？实际上，根据人群调查统计学分析的结果，前囟大小和闭合时间是因人而异的，多数不是病，只不过是正常的个体差异而已。而且，出生时前囟比较大的宝宝前囟闭合也就比较迟，出生时前囟小的宝宝前囟会闭得早，家长只要定期带宝宝找儿童保健医生进行发育评估就可以了，医生会结合宝宝的头围、行为发育等其他表现进行鉴别，如果宝宝的头围增长正常，神经心理发育也正常，就不用担心了！

前囟闭合延迟怎么办

很多家长发现宝宝前囟大或迟迟不闭合，就怀疑宝宝“缺钙”，自己买钙片给宝宝补。相反，如果宝宝前囟小，就认为宝宝“钙多了”，应该补的维生素 D 也不敢再补充。其实，前囟大小基本上与“缺钙”没有什么关系，足月出生的宝宝在出生后数天开始，就应每天补充 10 微克维生素 D，以预防佝偻病，如果奶量充足，宝宝一般不容易缺钙。囟门早晚总会闭合的，个体差异对宝宝的生长发育并没有影响。尽管有一些疾病，如维生素 D 缺乏性佝偻病、甲状腺功能低下、脑积水等，会表现为前囟过大、闭合延迟，但并不代表前囟大、闭合延迟就是患了这些病，这类疾病还会伴随其他症状，所以一定要定期带宝宝参加儿童保健，由医生来检查判断。

此阶段粗大运动发育特点

7 ~ 12 月龄的宝宝，体格生长的速度没有前几个月快，但运动能力却较前几个月明显提升。

7 月龄

宝宝能熟练地从仰卧位自己翻滚到俯卧位，仰卧时有时还可以把头抬起来。在俯卧位时可以用手支撑身体，坐起来时手能够支撑在桌面上。多数宝宝在 7 ~ 7 个半月龄能自己坐稳，不必用手支撑身体，但身体会略向前倾。早的 5 月龄时就能独坐，晚的要到 9 月龄时才会独坐，90% 的宝宝都会在这个时间段掌握该技能。7 ~ 8 月龄是宝宝爬行能力发展的关键期，开始出现爬行的动作，但还不能独立爬行。早的 5 月龄时就能做到，晚的要到 11 月龄才能掌握该技能，但只要在这个时间段内都属正常。宝宝学会爬行需要几周甚至几个月的时间，父母大可不必因为宝宝开始爬得不好而焦虑，只要给宝宝多提供爬的场地和机会就可以了，宝宝的成长需要时间。大人用双手拉着宝宝的手臂，宝宝能站立片刻，还能高兴地上下蹦跳，有时扶着栏杆可以自己站起来。

8 月龄

经过前几个月的手膝爬行，宝宝已经具备了做一定精细动作的能力。这个阶段，当大人拉着宝宝的时候，宝宝可以扶着家具或墙壁站一会儿。早的在 5 月龄时就能扶站，晚的要到 12 月龄才能学会，90% 的宝宝在这个时间段可掌握该技能。俯卧的时候喜欢翻身转成坐姿，能平稳地独坐并自如地伸手拿玩具。

此阶段精细动作发育特点

7 月龄

宝宝能用拇指、食指和中指端拿起积木，积木和手掌之间会有空隙。如果大人先给一个小玩具，等宝宝拿住后再给他另一个玩具，宝宝会把第一个玩具换到另一只手里，再去接第二个玩具，这就是倒手。这个阶段的宝宝会用积木敲击桌子，能伸手抓住远一些的玩具。

8 月龄

宝宝的手的动作会变得更加灵活，能用拇指和食指捏起桌上的小物件。这一时期是发展拇指、食指能力的关键时期，食指的能力会得到很好的发展，宝宝能单独使用食指，会抠洞、按开关，喜欢把物品扔出去，倒手的动作更加熟练并且已经能够很熟练地从父母端着的杯子里喝水。

9月龄

宝宝已经可以爬得很好。他用左右手和膝盖交替着爬，甚至腾出一只手伸出来拿自己想要的东西，还能从爬的姿势转变为坐的姿势。从9月龄开始，宝宝扶着小床或围栏时会自发地抓住栏杆站起来，能够自己站起来是粗大运动发育重要的里程碑之一。有的宝宝甚至能拉着大人的双手走几步。

10月龄

宝宝会有意识地从站到坐，并控制身体坐下时不跌倒。俯卧爬行时腹部可以离开床面，四肢协调。这个阶段，宝宝很喜欢自己扶着家具站起来，并能一只手扶着家具弯下身，用另一只手去拿地上的玩具，然后再站起来。还能双手扶着栏杆，一边移动手一边抬起脚在围栏里横着走3步以上。

11～12月龄

宝宝不需要大人扶就能站起来，并且能自己站一会儿。早的10月龄时就能独站，晚的要到1岁3个月时才会独自站立，90%的宝宝会在这个时间段掌握该技能。这个时间段是行走能力发展的关键期，是身体平衡能力、身体与四肢协调能力获得发展的重要时期。这个年龄段的宝宝喜欢扶着家具从一处走到另一处（一边移动手一边抬脚横着走），对房间进行探索。如果爸爸妈妈扶着宝宝双手，并给予一定的鼓励，宝宝会努力做出交替迈出双腿向前走的动作。

注意！

宝宝粗大运动发育一般遵循一定的发展规律，但发育早晚是有个体差异的，只要不晚于一定的范围，就不属于发育迟缓，只要定期评估，适当给予早期发展促进即可。

9月龄

宝宝会有意识地模仿父母敲击积木（用一块积木击打另一块积木，而不是偶尔将两块积木碰到一起），能从杯子里取出积木，还能将积木拿起投放到杯子中。

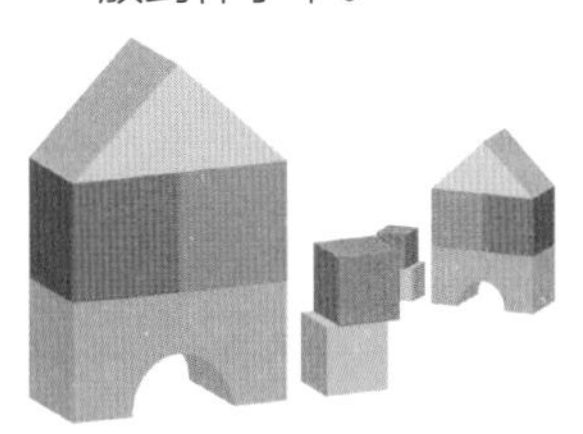

10月龄

宝宝会的精细动作明显多样化：喜欢双手拍掌，能打开用纸张包裹的玩具，会用手剥开食物包装从中取得食物，能使用任意一只手的食指去碰触物体，或伸出食指指人、指物或抠小物品。宝宝的拇指及食指提起小东西的动作已经比较熟练、迅速，双手能从桌面各拿起一块积木，并使积木靠近或对敲。家人从空中扔一些可以慢慢落下的东西（如气球、丝巾）时会有伸手去抓的倾向。

11～12月龄

宝宝会喜欢推、拉或者扔东西，喜欢开、关橱柜的门。宝宝的手眼协调进一步发育成熟，能捏起细小的东西往瓶子里放，但不一定准确。快满周岁时宝宝会将硬币投入钱罐的小缝隙中。喜欢将一些物品放到容器中，再把它们拿出来。会拿蜡笔乱画，会拿勺子吃几口饭，能把两块积木摆放到一起。

此阶段语言和认知发育特点

7月龄

宝宝能区别语音的意义，甚至出现“小儿语”，会用语音来吸引别人的注意，已经会发“baba”“mama”或“dada”的声音，这一定会使爸爸妈妈非常兴奋，但这时宝宝并不是真的在叫“爸爸、妈妈”。此阶段的宝宝听到“妈妈”这个词能把头转向妈妈。当大人和宝宝说话时他会做回答性的动作，比如用摇头表示不行，用点头表示同意。还会用动作表示“欢迎”“再见”“你好”等。7月龄是宝宝智力发育的重要时期，他已经开始懂得表现自我。在镜子中看到自己时会对着镜中的自己做出拍打、亲吻的动作，或做出微笑的表情。当陌生人走近时宝宝会表现得比较警惕，继而放声大哭。尤其在生病的时候，或处于不熟悉的环境时，这种反应会表现得更为强烈。7月龄以后，宝宝开始知道高兴是好情绪，而悲伤、害怕是坏情绪。即便这些表情由不同的人以非常轻微的形式表达出来，他们也能识别。要知道，宝宝能够看懂成人的表情和情绪是非常重要的进步，这种能力将推动他们社会关系的发展，帮助他们发展对环境的探索。这时的宝宝会拿东西给认识的家人，会表示要人抱或大小便，已经会自己吃饼干，吃饱了会紧闭嘴表示拒绝，已经会模仿简单的动作，如果大人做拍手的动作，会跟随拍手，多次训练后，一听到“拍手”这个词就会做出拍手的动作。

11~12月龄

宝宝会用手势与大人交流。吃完手里的饼干后会张开双手表示“没有了”，会摇头表示“不”，或指着书架上他最喜欢的书，这表明宝宝知道自己在想什么，他也意识到自己可以这样与家人交流。接近1岁时，大人说的话宝宝已经基本都能听懂了，并开始模仿最容易发音的几个词，比如“妈妈”“爸爸”。当宝宝看到一个球并发出类似“球”的声音时，他的大脑正在把这一发音和眼前的事物联系起来，这表明他开始理解一个音或一个词代表了某一个事物。会说出2～5个大人的称呼甚至学动物叫。在认知能力方面，1岁左右的婴幼儿处于空间知觉和时间知觉的萌芽阶段，能意识到客观物体永存的概念，能找到当着他的面藏起来的物品，能记住一些身体部位、用品和食物的名称，开始理解大和小的概念。个别宝宝可以试着跟背数字，数1～3或1～5。

8月龄

听到外界的各种声音，如车声、雷声、犬吠声等，宝宝会表示关心，突然转头看，即使是微弱的声源靠近宝宝的耳朵，他也能转头寻找声源。这个阶段的宝宝能认真倾听自己和周围其他人的声音，听到爸爸妈妈叫自己的名字会转过头来，已经能够理解简单的语言，当听到爸爸妈妈说“不行”时会把伸出的手缩回或哭泣。宝宝已能够把经常听到的词和见到的事物联系起来，比如知道爸爸妈妈说“猫”的时候指的就是经常在楼下见到的那只毛茸茸的动物；认识若干玩具名称，会听声取物；认识1～2个身体部位，会按要求指如“耳朵”“嘴巴”等；情绪好的时候会主动发出声音，并模仿爸爸妈妈教给他的声音。有的宝宝开始喊“妈妈”“爸爸”，或说出其他一些熟悉的词。此时的宝宝会配合穿衣，学会伸手穿衣，伸腿穿裤，开始辨认镜子中自己的影像。

9月龄

宝宝的理解能力突飞猛进，大人对他说的话几乎都能听懂。虽然他的语言表达能力还比较有限，不会说太多的话，但是在父母的眼里他已经越来越有思想了。从这个月龄开始，宝宝开始进入学话萌芽阶段，经常会发出一连串看似毫无意义的元音，很快这些音节将变成独立而有意义的词。有的宝宝学会有意识地称呼爸爸或妈妈，这会使家长十分欣慰，如果自己家的宝宝还未学会也不必着急，因为出生后14个月之内学会都算正常，经常让宝宝练习发辅音就会学得快些。宝宝会对新异的事物表现出极强的探索欲望，对一些已经熟悉的事物不再那么感兴趣。父母要注意保护宝宝，但也要尽可能地为宝宝创造丰富多彩的环境，给予其更多的新异刺激，让宝宝的好奇心获得进一步发展。

10月龄

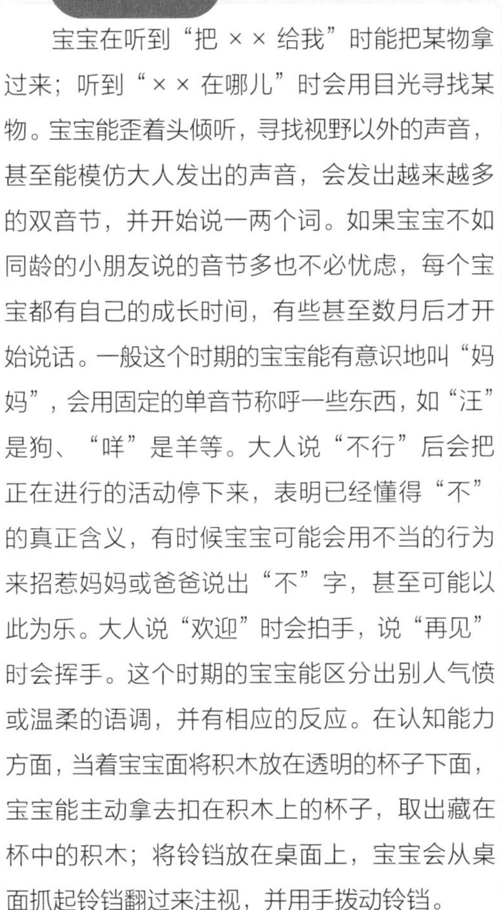

宝宝在听到“把××给我”时能把某物拿过来；听到“××在哪儿”时会用目光寻找某物。宝宝能歪着头倾听，寻找视野以外的声音，甚至能模仿大人发出的声音，会发出越来越多的双音节，并开始说一两个词。如果宝宝不如同龄的小朋友说的音节多也不必忧虑，每个宝宝都有自己的成长时间，有些甚至数月后才开始说话。一般这个时期的宝宝能有意识地叫“妈妈”，会用固定的单音节称呼一些东西，如“汪”是狗、“咩”是羊等。大人说“不行”后会把正在进行的活动停下来，表明已经懂得“不”的真正含义，有时候宝宝可能会用不当的行为来招惹妈妈或爸爸说出“不”字，甚至可能以此为乐。大人说“欢迎”时会拍手，说“再见”时会挥手。这个时期的宝宝能区分出别人气愤或温柔的语调，并有相应的反应。在认知能力方面，当着宝宝面将积木放在透明的杯子下面，宝宝能主动拿去扣在积木上的杯子，取出藏在杯中的积木；将铃铛放在桌面上，宝宝会从桌面抓起铃铛翻过来注视，并用手拨动铃铛。

早期发展建议

儿童接触电子屏幕的注意事项

在电子设备广泛应用的今天，爸爸妈妈时常会有这样的疑问：婴幼儿可以观看电子屏幕吗？对他的成长发育是否有危害呢？我的宝宝什么时候可以玩智能手机或平板电脑呢？电子屏幕是如何影响婴幼儿的学习方式的？当我的宝宝不安时，可以让他玩手机吗？教育类的媒体节目也不能看吗？新冠肺炎疫情期间，可以让宝宝与家人视频通话吗？

美国儿科学会（AAP）建议

18个月以下的婴幼儿周围不要出现任何电子屏幕。而2岁及2岁以上的宝宝，每天接触屏幕的时间不应超过1个小时。AAP同时强调，设置时间限制是不够的：对于父母来说，还应该选择高质量的电子屏幕节目和游戏，并在放映时，与宝宝互动；而不能图方便省心，将手机当作宝宝的电子保姆。

爸爸妈妈需要知道，过度使用电子屏幕，对宝宝造成的危害可不小，涉及宝宝未来生活、学习的方方面面。

（1）影响语言开发。直到大约2岁半，幼儿才能通过观看电子屏幕上的内容来学习。一项研究发现，4岁以下的儿童，他们看电视的时间越长，学到的单词就越少。

（2）影响注意力。电子屏幕闪烁的画面、嘈杂的声音、精彩的情节，会影响宝宝的专注力，使宝宝的大脑很难在听课、学习等需要耐心和专注的活动上保持足够的注意力。研究发现，3岁以下的儿童，每天多看1个小时电视，7岁前出现注意力问题的可能性就上升10%。

（3）影响社交能力发展。超过95%的时间，宝宝都是通过与爸爸妈妈面对面交流来学习社交，但使用电子屏幕可能会妨碍这种自然的亲子连接和互动。一项研究发现，当电视在后台运行，哪怕是当作背景，父母与宝宝互动的可能性都会更小。

（4）影响情绪控制能力。许多爸爸妈妈图省事，在宝宝发脾气的时候利用电子屏幕转移宝宝的注意力，但这样不利于宝宝认识和感受自己的负面情绪。在被视频和动画强势吸引的情况下，宝宝可能很难依靠自己或者他人排解自己的情绪，安慰自己，处理自己的情绪。

（5）其他行为和生理问题，如睡眠问题、肥胖问题的严重程度，也与电子屏幕的使用时间成正比。AAP 警告不要在宝宝的卧室里放任何电子屏幕。他们指出，即使像智能手机和平板电脑这样的小屏幕也与睡眠质量差有关。 屏幕发出的光可能会延迟褪黑素的释放，并使宝宝难以入睡。

宝宝的大脑在生命的前三年中发育最快，当他使用所有五种感官进行学习时效率最高。对于宝宝而言，拿着苹果闻一闻，品尝它，或者听到亲人的名字，这些丰富、真实、立体的经历，要比在屏幕上看到苹果的图片和听到陌生词汇重要得多。

7～12 月龄宝宝可以进行的游戏活动

世界卫生组织指出，与宝宝交流和玩耍是促进儿童早期发展的重要方法。下面我们介绍一些适合 7 ～ 12 月龄宝宝的游戏活动，促进宝宝全方位成长。

粗大运动

7 ～ 12 月龄是宝宝学习爬行和行走的关键期。9 月龄的宝宝普遍能自己爬，12 月龄的宝宝通常能牵着大人的一只手行走。

游戏名称：亲子一起爬 / 走。

游戏目标：锻炼宝宝的爬行、行走能力和四肢协调能力。

游戏方法：爸爸妈妈用有趣的玩具逗引宝宝在爬行垫上向前爬或牵手走。爸爸妈妈也可以用自己的身体作为山洞或墙壁，引导宝宝穿越山洞或绕着墙壁走过，增加爬行 / 行走的乐趣。

精细动作

宝宝的精细动作发育越来越好，他们逐渐对小的物品表现出兴趣，越来越能利用自己的手指来抓取、撕揉物品。

游戏名称：撕纸贴画。

游戏目标：提高宝宝小手的灵活性，以及促进手指精细动作的发展。

游戏方法：让宝宝们发动自己的小手指，开始撕五颜六色的纸吧！爸爸妈妈可以先给宝宝示范一下，或者先撕开一道小口子，帮助宝宝更轻松地感受撕纸的乐趣。撕完之后，也可以和宝宝一起用这些碎片贴成一幅画，记得让宝宝自己用手指将碎片捏起来哟。

认知能力

处在口欲期的宝宝，逐渐开始探索事物的方方面面，不再只专注于吃。他们开始敲、打、拍、扔物品，以加载自己对事物的全方面认知。

游戏名称：积木游戏。

游戏目标：扩展宝宝对玩具的认识，提高宝宝的探索能力。

游戏方法：准备 5 块以上的积木放入容器中。“一拿二换三对敲四投篮”，让宝宝自己从容器中取出积木，引导宝宝玩手中的积木。宝宝拿起一块积木后，爸爸妈妈可以手捏另一块积木，碰一碰宝宝握积木的小手，告诉宝宝“把你手上的积木换到另一只手上去吧”。接着，爸爸妈妈还可以握住宝宝攥着积木的两只小手，对敲两块积木；最后，让宝宝自己尝试把每块积木投入容器中。

社交

宝宝从出生后 7 个月起开始出现“怕生”的现象，这一正常的现象提示我们宝宝的社会性和情绪能力正在飞速发展，需要带宝宝出去玩一玩，见见陌生人。宝宝在爸爸妈妈的安抚下，逐渐熟悉和习惯自己面对陌生人时的恐惧情绪。

游戏名称：逛街。

游戏目标：让宝宝认识和熟悉自己的情绪，与爸爸妈妈建立安全的依恋关系。

游戏方法：爸爸妈妈带宝宝在小区遛遛弯，与小区的家长和小朋友们打招呼。不论宝宝是否表现出恐惧，宝宝都需要爸爸妈妈的轻声安抚，比如“宝宝，你看”“阿姨喜欢你”……带着宝宝和大家说“hi”，说“你好”。许多宝宝即便不表现情绪，其实心跳也会加速的。爸爸妈妈对宝宝情绪的良好调节，是宝宝情商发展的开端。

语言

在上述游戏活动中，爸爸妈妈只需与宝宝多说话，多交流。用简单的叠词，多次重复，增加语言输入，即可锻炼宝宝的语言能力。

最后，在陪伴宝宝的过程中还要关注宝宝、向宝宝表达爱，对宝宝的行为给予回应和鼓励，这就叫作高质量的陪伴。

宝宝很喜欢扔玩具，如何应对？

你厌倦了无数次捡起宝宝随意抛出的玩具、餐具，甚至是手机吗？无论是在房间里扔玩具，还是在餐桌上吃饭，宝宝似乎都喜欢用推落物体的方式让小球弹跳出 3 米远，或者让碗筷掉落发出叮当响。

宝宝在这个年龄段的任何新技能，包括将物体推向空中，抛出、推落等，都令人兴奋。这些经历都在帮助宝宝探索周围的世界、学习因果关系。

当然，对于爸爸妈妈来说，米饭在刚擦过的厨房地板上被卷成一团，干净的奶嘴掉落在肮脏的人行道上……这些事情真是令人抓狂。然而对于宝宝来说，这一切都非常有趣。与其说宝宝爱搞破坏，不如说宝宝是在生活中学习和探索。

在这个阶段爸爸妈妈可以做些什么呢？如何既顺应宝宝的天性，又减少不必要的劳碌和不经意发生的伤害呢？

首先，我们需要知道，除非宝宝从窗户扔石头或真正要伤害某人，否则不要真正惩罚他，试图阻止这个年龄段的宝宝投掷物品都是徒劳。不过，我们可以使用一些技巧来限制宝宝抛出的物品，以及在什么时间、什么地点抛出。

爸爸妈妈应该怎么做？

第一，专门找一些东西给宝宝扔。

爸爸妈妈可以找一些专门用来扔的东西，和宝宝一起玩，比如塑料餐具、玩具球、飞碟、自制的沙袋。如果有很多东西给宝宝扔，那么宝宝将很快学会扔东西，也就会更快度过扔东西取乐的阶段。爸爸妈妈也可以自创一些扔东西的小游戏来加速这一进程。

第二，不发脾气，解释后果。

扔东西对宝宝来说充满乐趣，若之后还能收到爸爸妈妈对他们大声说话、做生气状、发脾气的反应，宝宝就会更加享受扔东西之后东西掉落 + 爸爸妈妈夸张的反应。我们不推荐爸爸妈妈在宝宝做错事后给予诸如此类的“负面关注”，因为这些“负面关注”反而会强化宝宝的错误行为。爸爸妈妈这时候只需要提醒宝宝，解释清楚扔东西的后果，比如“碗被扔碎了，就没有东西吃饭了，爸爸妈妈就要饿肚子了，待会儿就没力气陪你玩了”。

第三，和宝宝一起收拾，用积极习惯代替消极习惯。

在扔东西游戏结束后，爸爸妈妈可以和宝宝一起把玩具放回原处，帮助宝宝养成主动整理的好习惯。宝宝或许会不愿意，这个时候爸爸妈妈一方面要做个榜样，主动将东西放回原处；另一方面，可以用做游戏的方式引导宝宝，如“公仔熊找不到家了，很伤心，我们要不要送它回家”。

第四，及时表扬宝宝的良好行为。

整理完成后，宝宝需要得到爸爸妈妈及时的表扬或者奖励，让他知道整理虽然费点劲，但也是值得的。爸爸妈妈可以夸赞宝宝的行动力；也可以和宝宝一起快速地检索物品以告诉宝宝整理的积极作用；还可以和宝宝在整洁的房间里伸个大懒腰、追逐嬉戏，告诉宝宝房间整洁宽敞的好处。

宝宝特别怕生是否正常？

7~8 月龄的宝宝看见陌生人就会感到非常害怕，要不就怯生生地不敢向前，要不就攥着爸爸妈妈的衣领哭得肝颤。这是正常的吗？怕生的宝宝是懦弱的宝宝吗？其实，害怕陌生人很常见，这是儿童发育的正常阶段。当宝宝对熟悉的人产生健康的依恋情感时，就会发生这种情况。宝宝喜欢熟悉的成年人，因此会通过哭泣、大惊小怪、呆住、哭闹等形式对陌生人做出反应。通常，7~10 月龄的宝宝，对陌生人的恐惧会变得更加强烈。这种恐惧可以持续几个月或持续更长的时间，通常在宝宝出生后 18 个月至 2 岁逐渐消失。

对陌生人的恐惧说明宝宝开始有识别陌生人和亲人的能力了，是宝宝认知和社会能力发育发展的表现。与懦弱正好相反，认生表明宝宝能够区分陌生人和熟悉人的面孔，是记忆能力加强的表现；宝宝能预见危险，也就更加能够保护自己，恐惧情绪加载完毕，情绪能力得到发展；向爸爸妈妈寻求安抚，说明宝宝自己会寻求并获得帮助，社交能力大大增强。

尽管对陌生人的恐惧是婴幼儿正常发育的一部分，但我们可以采取一些措施来帮助宝宝减少不适感。

第一，不要强迫宝宝去结识新朋友，先给宝宝做好准备工作。

在把宝宝介绍给新朋友前，爸爸妈妈请先与宝宝待在一起，用手轻抚宝宝的背，以告诉他爸爸妈妈会陪着他，这样可以使宝宝确信，他不会被立刻推向他不熟悉的陌生人。对于年龄稍小的宝宝，可以打印一些新朋友的照片给宝宝看，让宝宝提前熟悉这些人。对于年龄稍大的宝宝，爸爸妈妈请向宝宝解释这个新朋友是谁、为什么要见他，以及将和新朋友一起做些什么活动。当宝宝出门的时候，如果陌生的成年人（如亲戚或成年朋友）要抱宝宝，爸爸妈妈可以帮助宝宝表达他的恐惧，告诉其他人宝宝需要等待一段时间。

第二，帮助宝宝在陌生人周围感到舒适。

不要试图忽视或消除宝宝对陌生人的恐惧，这会使他变得更恐惧。让宝宝认识新朋友时，请握住宝宝的手，或者让他坐在你的膝盖上。先在家里把陌生人介绍给宝宝，家是宝宝最舒适、最放松的地方。如果宝宝对一个新朋友表现出抗拒，请先安慰宝宝，轻声地安抚他、轻拍他、拥抱他。待宝宝平静下来后，尝试其他方法，让宝宝和陌生人一起玩耍。最后，请带上宝宝喜欢的、熟悉的用品（玩具或小毯子），让宝宝在接触陌生人时有一些熟悉感。

第三，爸爸妈妈与新朋友增加接触。

宝宝以爸爸妈妈的行为为标杆，如果爸爸妈妈对陌生人的态度也仅仅是不冷不热，那就不要期望宝宝会很主动。爸爸妈妈要告诉宝宝爸爸妈妈不怕新朋友，用积极的肢体语言热情地和陌生人打招呼、微笑，以放松的目光、轻柔的声音和亲近的姿态和陌生人交往，宝宝就能慢慢地从爸爸妈妈身上看到安全感，减少自己的恐惧。

第四，关心宝宝的心理健康。不用担心其他大人们的感受和看法，我们关心的是宝宝的心理健康。不过我们可以友善地告诉他们，我家的宝宝正在学习与陌生人交流。

宝宝会扶着站立以及会走路后容易发生的意外

宝宝会扶着站立和会走路后，随着宝宝的活动范围越来越大，家长们需要认真检查自己的家居环境，确保家中没有安全隐患，在楼梯的顶部和底部都安装儿童防护门；在尖锐的边角处安装柔软的保护性遮盖物；不要给宝宝使用学步车。

宝宝开始在外走路时，需要给宝宝穿鞋子来保护宝宝的脚。鞋子必须是包头的，有柔软舒服、带柔韧的防滑底，还要宽松一些，让宝宝的脚有发育的空间。

防止宝宝被割伤

①剪刀、水果刀、裁纸刀等带有利刃的器物要收起来或放在宝宝够不到的地方。

②装有碎玻璃、带有利口的易拉罐等垃圾的袋子要将口扎紧尽快扔掉，或者将垃圾桶放在宝宝接触不到的地方，避免宝宝因为好奇翻垃圾桶而被里面的利器割伤。

防止宝宝被撞伤

①在10月龄前，宝宝坐着时，要在宝宝周围放置软枕或靠垫，以免宝宝重心不稳歪倒时撞到头部。

②给家具的边角包上软布或防撞条，以免爬行期或学步期的宝宝因不能很好地控制身体而撞到。

③注意保持地面的清洁，避免留有水渍，防止宝宝滑倒。

防止宝宝被夹伤

①家中凡是宝宝能够到的抽屉，建议安装安全锁，以免宝宝抽拉抽屉时夹伤手指。

②屉柜最好固定在墙上，以免倾翻压倒宝宝。

玩具安全

宝宝在成长过程中总少不了玩具的陪伴，它们有的是家长平时自己购买的，有的是在节假日的时候亲朋好友们送的。每一个人都想表达对宝宝的喜爱和关心，但并不是每一个购买玩具的人都会关注玩具的安全性这个问题，这就需要家长把好这个关。当我们准备把玩具拿给宝宝的时候，一定不要直接拿给宝宝让宝宝自己去玩，而是应该先打开包装检查一下，看玩具是否有安全标志，在玩具包装上寻找警示信息或其他安全信息，如年龄警示标识、特定危险的警示标识等，如“适合年龄：3 岁以下”“内有小配件，请在大人监督下使用”“防止玩具眼、鼻、纽扣等配件被儿童吞食”等提示语会在玩具的外包装上进行标识，且对于玩具的材质、游戏方法、注意事项等也有明确的标注。

关于玩具的安全性，家长需要注意的是：

①玩具的包装袋等包装物（特别是塑料袋）要及时扔掉，不要让宝宝拿着玩。

②是否适合宝宝年龄段。如果玩具上标有“在家长的监护下安全使用”，即使宝宝到了此玩具使用的年龄底线，仍要按照提示，在宝宝玩玩具的时候进行看护，甚至在很长一段时间内都需要看护。

③这个阶段宝宝的特点是习惯性地把物件往嘴里放，所以，在给宝宝玩玩具之前一定要考虑与小零件有关的潜在的噎塞和窒息危险。注意给宝宝的玩具不能带有任何可拽落的小零件、饰物，如可能会被抠落的动物玩具和布娃娃的小眼睛、小亮片、小珠子、毛发、电池、磁铁等，防止宝宝因误吸、误吞导致窒息。

④确保玩具或玩具部件尺寸足够大，不至于被宝宝吞下、塞住嘴或喉咙。

⑤确保玩具不带有绳带，如线、绳、花边、网等，防止绳带缠住宝宝的手、脚或身体。

⑥玩具在使用前先进行清洁，确保玩具不带有涂层的气味，不掉色，材料和面料清洁干净、无污染，避免导致宝宝过敏。

⑦确保玩具不带棱角及尖锐的部分，表面应该是圆滑的，防止玩具划伤或割伤宝宝娇嫩的皮肤。

⑧避免选用噪声太大的玩具，防止长期使用影响宝宝的听力。

⑨确保玩具在玩耍的过程中是安全的，不会产生危险。

⑩那些家长都无法确定其安全性的玩具不要给宝宝玩。

接种建议

7~12 月龄宝宝必须接种的疫苗及接种时间

（1）麻风疫苗：在宝宝 8 月龄时接种。

（2）乙脑减毒活疫苗：在宝宝 8 月龄时接种。

（3）A 群流脑疫苗：在宝宝 9 月龄时接种。

可供选择的第二类疫苗

在宝宝 12 月龄时可给宝宝接种甲肝灭活疫苗、水痘减毒活疫苗。

小熊医生为你解惑

· 辟谣栏目 ·

宝宝是否需要使用学步车

学步车是宝宝学习走路的工具，也是宝宝会走路之前的代步工具。学步车一般由底盘框架、上盘座椅、玩具音乐盒三部分组成，属于玩具童车类。带玩具的学步车具有娱乐功能，宝宝可以自己玩，也解放了爸爸妈妈的双手，为宝宝学走路提供了方便，因此受到了很多爸爸妈妈的欢迎。

但实际上，各国儿科学家均不提倡儿童使用学步车，学步车不仅不能起到方便、安全的作用，反而可能给宝宝带来致命的危险。此外，学步车也不能起到帮助宝宝粗大运动发育的作用，反而可能给宝宝的发育带来不良影响。

学步车轻轻一蹬便可以快速移动，宝宝可以借助学步车去到很多地方，但对于没有危险意识的婴儿，也更容易驶向危险，造成意外伤害。最常见的意外伤害是从楼梯或者台阶翻落，造成宝宝外伤。从楼梯上翻落可能会造成宝宝骨折、头部撞伤，甚至导致颅内出血等严重伤害。此外，学步车让宝宝可以够到更高的地方，如茶几、桌布，因此导致宝宝被烫伤、砸伤甚至被刀具伤害的概率也会增加。

有些爸爸妈妈可能会问，在大人看护的情况下能不能用学步车？或者能不能用绳子或者布条限制学步车的活动范围？答案都是否定的。宝宝一蹬腿，学步车就会以很快的速度冲出，就算大人眼看着危险迫近，也已经来不及做出反应了。而用来固定学步车的绳子、布条，可能会缠在宝宝的身体上，增加宝宝受伤或者窒息的风险。

宝宝要多喝汤补充营养吗

很多人认为，肉在水里连续炖几个小时，肉里面的精华就会溶解在汤里面，汤比肉更加有营养。可是，吃肉真的不如喝汤吗？

实际上，肉里面的蛋白质、钙、铁等营养素是很难溶解在汤里面的，汤里面主要是一些可溶性的营养物质，如游离氨基酸、脂肪酸等，以及漂浮在汤中的脂肪。虽然汤的营养价值不高，无法为宝宝提供足够的营养和热量，但是它可是“占肚子”的好手，喝太多汤，可能会影响宝宝对其他食物的摄入。因此对于生长发育中的婴幼儿来说，我们不推荐通过喝汤补充营养。

宝宝不爱吃蔬菜，可以用水果替代吗

要回答这个问题，首先来看一下4种常见的蔬菜水果的营养成分表（见表3-2）。营养成分表里所列出的营养成分均为100克可食用部分的营养素含量。我们可以看到，同样是100克的菠菜和白菜，它们的热量明显低于苹果和梨，但是蛋白质、矿物质、维生素等营养素的含量却更高，也就是说，蔬菜中蛋白质、矿物质、维生素等营养素密度普遍要高于水果，另外水果中的糖分更高。因此，不能用水果替代蔬菜。

表3-2 4种常见蔬菜水果营养成分表

营养成分	菠菜	白菜	苹果	梨
热量（千卡）	24	17	45	44
脂肪（克）	0.3	0.1	0.4	0.2
蛋白质（克）	2.6	1.5	0.7	0.4
碳水化合物（克）	2.8	2.4	9.6	10.2
膳食纤维（克）	1.7	0.8	2.1	3.1
硫胺素（毫克）	0.04	0.04	0.01	0.03
钙（毫克）	66	50	3	9
核黄素（毫克）	0.11	0.05	0	0.06
镁（毫克）	58	11	5	8
烟酸（毫克）	0.6	0.6	0	0.3
铁（毫克）	2.9	0.7	0.7	0.5
维生素C（毫克）	32	31	2	6
锰（毫克）	0.66	0.15	0.05	0.07
维生素E（毫克）	1.74	0.76	1.46	1.34
锌（毫克）	0.85	0.38	0	0.46
维生素A（微克）	487	20	10	6
铜（毫克）	0.1	0.05	0.06	0.62
胡萝卜素（微克）	1.4	0.6	0.3	0.3
钾（毫克）	311	0	115	92
磷（毫克）	47	31	11	14
钠（毫克）	85.2	57.5	0.7	2.1
硒（微克）	0.97	0.49	0.98	1.14

那么，宝宝不爱吃蔬菜该怎么办呢？家长的示范作用对宝宝们来说非常重要，很多成人也不喜欢吃蔬菜，在中国人的餐桌上，很多时候一桌宴席只有1～2个纯蔬菜菜品供大家食用，这种环境下要让宝宝喜欢吃蔬菜确实不容易。如果家长在进餐中碰都不碰蔬菜，或者在烹煮蔬菜的过程时忽略烹饪技巧，那么让宝宝接受蔬菜更是难上加难。

临床上，我们见到很多宝宝不爱吃蔬菜，但是喜欢吃包子、饺子。这给我们一个提示：极度不爱吃蔬菜的宝宝需要家长们用心思将蔬菜藏到美食当中，改善蔬菜的烹调方法是让宝宝们多摄入蔬菜的好方法。将蔬菜剁碎，和肉馅拌到一起，制作成美味的饺子、包子、馄饨、肉饼……宝宝的蔬菜摄入量不知不觉就增加了。

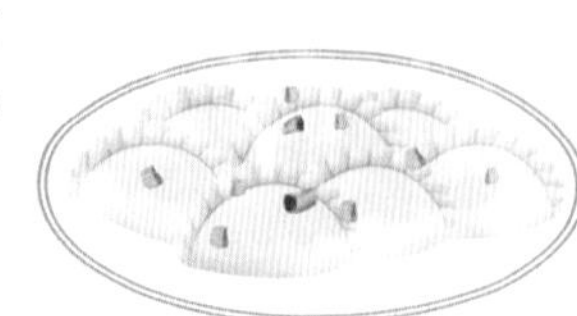

宝宝需要吃盐吗

《中国居民膳食指南（2016）》在 7 ~ 24 月龄婴幼儿喂养指南中指出，这个阶段宝宝的辅食不要加调味品，保持原味，尽量减少宝宝对糖和盐的摄入。淡口味的食物有利于提高婴幼儿对不同天然食物口味的接受度，减少宝宝挑食和偏食的风险。此外，过多的糖和盐摄入还与很多慢性疾病有关，淡口味食物有利于减少宝宝对糖和盐的摄入，降低儿童期以及成人期肥胖、糖尿病、高血压等疾病的发生风险。

讲到这里，有些爸爸妈妈可能就会担心，宝宝不吃盐，会不会缺钠和碘呢？其实盐并不是钠和碘的唯一来源，很多天然食物中都含有钠和碘。对于 7 ~ 12 月龄的宝宝来讲，从天然食物中获取的钠和碘已经可以满足需求了。

宝宝出牙晚，是缺钙吗

要解答这个问题，首先我们要了解一下宝宝牙齿的发育过程。牙齿的发育分生长期、钙化期和萌出期。当我们看到牙齿在口腔里出现的时候，已经是萌出期了。当宝宝还在妈妈肚子里的时候，宝宝的乳牙就已经开始发育了，宝宝的乳牙从胚胎 2 个月开始发育，到胚胎 4 个月时开始钙化，当宝宝出生时，乳牙大部分已经钙化，这是一个不被察觉的过程。由于乳牙主要是在胎儿时期发育，因此，加强妈妈孕期营养，妈妈多吃含钙、磷、蛋白质和维生素丰富的食物非常重要，这样才能保证乳牙的正常发育。

大多数宝宝在 4 ~ 10 个月的时候开始出牙，到了 13 个月还没长牙称为乳牙萌出延迟。

乳牙萌出延迟可能与以下因素有关

①遗传因素：乳牙萌出的个体差异比较大，因为遗传因素导致乳牙萌出晚的宝宝家里经常有乳牙萌出晚家族史，如爸爸妈妈的乳牙萌出时间也比较晚。

②孕期因素：妈妈孕期营养不良、妈妈孕期吸烟等。

③营养因素：宝宝严重缺钙、维生素 D，营养不良等都会影响乳牙萌出。

④疾病因素：患某些全身性疾病，如患先天性甲状腺功能减低症、21-三体综合征的宝宝乳牙萌出易受影响。

⑤局部牙龈黏膜肥厚等。

从以上因素我们可以看出，宝宝出牙晚，并不一定就是缺钙。但如果爸爸妈妈发现宝宝 13 个月还没长牙，需要带宝宝看医生明确原因。

宝宝长痱子了，能用爽身粉吗

宝宝长痱子，是因为当环境比较湿热的时候，宝宝的汗液堵塞了汗腺导管无法排出，就会在皮肤上形成一个小鼓包。还记得在过去，每次洗完澡，妈妈总喜欢用爽身粉把宝宝的身上打得香扑扑的，特别是宝宝长痱子的时候，她认为爽身粉可以预防和治疗痱子。实际上，市面上常见的爽身粉主要成分是滑石粉或者玉米粉，只能让使用者觉得很香，有干爽的感觉，并没有什么实际的功效，还可能堵塞毛孔。此外，爽身粉中还可能含铅、石棉等成分，宝宝吸入之后可能出现呼吸道过敏，甚至有致癌的风险，因此，不建议使用。

如果宝宝长痱子了，家长首先要调整环境的温度、衣服和铺盖的厚度，避免让宝宝一直处于闷热的环境。爸爸妈妈可以给宝宝选择比较透气、柔软宽松的贴身衣物，以减少对宝宝皮肤的刺激。

如果发觉宝宝因为长痱子发痒，可以尽早在宝宝皮肤表面涂抹炉甘石洗剂缓解痒感，避免宝宝抓挠。注意涂抹炉甘石洗剂之前需要摇匀悬液。

此外，起痱子的时候，家长要注意宝宝皮肤的清洁，每天用干净的温水为宝宝洗澡并及时擦干，保持皮肤干净清爽。

需要早早训练宝宝站立吗

虽然宝宝们大致遵循“七滚八爬周会走”的规律，但每个宝宝都是独特的，有自己的生长轨迹，无论是坐、爬、站，还是走，都不是训练出来的，所谓的“早早训练”“揠苗助长”等做法都是不可取的。

家长应该怎么做呢？最好的办法是随着宝宝的发育顺其自然、水到渠成。宝宝的下肢发育一般遵循这样的规律：6 月龄之后，宝宝双腿的力量足够支撑身体，在爸爸妈妈支撑的情况下会做出蹦跳、舞蹈样的动作；8 月龄左右的宝宝，在有人帮助的情况下可以站立一会儿；9 ~ 10 月龄，宝宝双脚可较好地支撑起身体，扶住宝宝的腋下，可以看到宝宝做出迈步样动作；11 ~ 12 月龄的宝宝，可以扶着家具自己站起来，有的宝宝可以独自站立一会儿，有的会扶着家具迈步，有的宝宝甚至已经可以独立行走了。

此外，有些爸爸妈妈很担心趴、坐、站立等会损伤宝宝稚嫩的肌肉和骨骼，当宝宝想被竖抱、想坐起来、想站起来的时候，爸爸妈妈都因为太过于担心而阻止宝宝，这也是不可取的。

宝宝到了一定的时候，有时不竖抱就哭，或者坐一会儿就自己扶着家具站起来了，这些其实都是宝宝发育到了一定阶段的自主选择，家长要做的是不过度干预，顺势而为，为宝宝提供满足其能力发展需求的环境，保证宝宝安全，做不焦虑的家长。

对于那些喜欢食物的宝宝，零食奖励是不是最好、最直接的方式呢

将吃零食作为奖励手段，对于爱吃零食的宝宝来说是最为直接和便利的方法，但是家里放置太多零食或者让宝宝吃太多甜的食物，会让宝宝没有胃口吃饭。那么我们该用什么奖励手段代替零食奖励呢？以下有几个小推荐：

（1）将中国营养学会推荐常吃的零食纳入清单，包括水果、奶类以及坚果，家里可以经常摆放这些零食作为奖励。

（2）放下手机，列出几个宝宝最爱和你玩的游戏，在宝宝需要奖励时，答应和他一起玩 20 ~ 30 分钟。

最重要的是家长们也不要在宝宝面前吃零食，如果你每天在家里吃巧克力或者薯片，宝宝也不可能控制自己不吃零食。

可以让宝宝把米粉当作主食吃，而不用吃别的吗

当然不可以。

婴儿米粉是以大米为主要原料，以白砂糖、蔬菜、水果、蛋类、肉类等作为选择性配料，加入钙、磷、铁等矿物质和维生素等加工制成的婴幼儿补充食品。由于米粉最容易被消化吸收，且其成分最不易引起过敏反应，因此吃米粉是宝宝添加辅食的第一步。一般来说，宝宝在 6 月龄左右就可以添加辅食了。

但米粉只是辅食，不应将它当作主食。由于宝宝处于快速生长阶段，最需要的营养物质仍是蛋白质，而米粉的主要营养成分是碳水化合物，比较单一，不能满足宝宝生长发育的全部需要。长期将米粉当作主食吃会造成宝宝营养不良，严重的会延迟宝宝发育，甚至影响宝宝大脑发育。因此，米粉不能代替奶粉，也不能代替其他辅食。

参考文献

参考文献

[1] 黎海芪 . 实用儿童保健学 [M]. 北京：人民卫生出版社，2016.

[2] 毛萌，李廷玉 . 儿童保健学 [M].3 版 . 北京：人民卫生出版社，2014.

[3] 让蔚清，刘烈刚 . 妇幼营养学 [M]. 北京：人民卫生出版社，2014.

[4]《中华儿科杂志》编辑委员会，中华医学会儿科学分会儿童保健学组，中华医学会儿科学分会新生儿学组 . 早产、低出生体重儿出院后喂养建议 [J]. 中华儿科杂志，2016，54（1）:6-12.

[5] 中华医学会儿科学分会儿童保健学组，中华医学会围产医学分会，中国营养学会妇幼营养分会，等 . 母乳喂养促进策略指南（2018 版）[J]. 中华儿科杂志，2018，56（4）:261-266.

[6] 毛萌 . 萌医生科学孕育在家庭 [M]. 成都：四川大学出版社，2020.

[7] 石淑华，戴耀华等 . 儿童保健学 [M].3 版 . 北京：人民卫生出版社，2014.

[8] 张霆 . 运动参与儿童早期发育表观遗传调控的认识进展 [J]. 中国儿童保健杂志，2020，28（6）:605-608，622.

[9] 谢尔弗 . 美国儿科学会育儿百科 [M]. 6 版 . 北京：北京科学技术出版社，2016.

[10] 刘湘云，陈荣华，赵正言 . 儿童保健学 [M]. 陈铭宇，周莉，池丽叶，等译 .4 版 . 南京：江苏科学技术出版社，2011.

[11] 中华人民共和国国家卫生和计划生育委员会 . 关于印发儿童眼及视力保健等儿童保健相关技术规范的通知：卫办妇社发〔2013〕26 号 [A/OL].（2013-04-15）.http://www.nhc.gov.cn/fys/s3585/201304/bfb996a2b8b3456da76d6ad6edb39d76.shtml.

[12] 刘兆秋，白云骅，郑东旖 . 我国免疫规划疫苗和非免疫规划疫苗简介及应用建议 [J]. 中华儿科杂志，2020，58（6）:524-526.

[13] 中华人民共和国国家卫生和计划生育委员会 . 国家卫生计生委办公厅关于引发国家免疫规划儿童免疫程序及说明（2016 年版）的通知：国卫办疾控发〔2016〕52 号 [A/OL].（2016-12-29）.http://www.nhc.gov.cn/jkj/s3581/201701/a91fa2f3f9264cc186e1dee4b1f24084.shtml.

[14] 斯蒂文·谢尔弗 . 美国儿科学会育儿百科 [M]. 池丽叶，奕晓森，王智瑶，等译 . 北京：北京科学技术出版社，2012.

[15] DIETZ P E，BAKER S P. Drowning: epidemiology and prevention[J]. American Journal of Public Health，1974，64（4）: 303-312.

[16] 江载芳，诸福棠 . 实用儿科学 [M]. 北京：人民卫生出版社，2014.

[17] HIRATA M，KUSAKAWA I，OHDE S，et al. Risk factors of infant anemia in the perinatal period[J]. Pediatrics International, 2017，59（4）: 447-451.

[18] SRIPRIYA D，HEIKE R.Prevention of iron deficiency anemia in infants and toddlers[J]. Pediatric Research，2002，66（4）: 1217-1225.

[19] 王治涛，黄中炎，孙佳 . 婴儿营养性缺铁性贫血的影响因素分析和防治措施探析 [J]. 中国社会医学杂志，2015，32（05）: 376-378.

[20] 胡金华 . 小儿缺铁性贫血的研究概况 [J]. 中国处方药，2017，66（4）:32-33.

[21] SAGGESE G，VIERUCCI F，BOOT A M，et al.Vitamin D in childhood and adolescence: an expert position statement[J].European Journal of Pediatrics，2015，174（5）:565-576.

[22] ROSS A C，TAYLOR C L，YAKTINE A L，et al.Dietary reference intakes for calcium and vitamin D[J].Journal of Scientific and Innovative Research，2013，2（3）:710-715.

[23] ABRAMS S A.Dietary guidelines for calcium and vitamin D: a new era[J].Pediatrics，2011，127（3）:566-568.

[24]ABRAMS，A S.Calcium and vitamin D requirements of enterally fed preterm Infants[J]. Pediatrics，2013，131（5）:e1676-e1683.

[25] 陈昌辉，李茂军，吴青，等．婴幼儿佝偻病的诊治和预防 [J]. 现代临床医学，2012，38（02）:153-157，159-160.

[26] 杨敏霞，颜陶．不同剂量维生素 D 预防早产儿佝偻病的效果分析 [J]. 临床医学，2018，38（8）:15-18.

[27] 中华医学会儿科学分会消化学组，《中华儿科杂志》编辑委员会． 中国儿童功能性消化不良诊断和治疗共识 [J]. 中华儿科杂志，2012，（06）:423-424.

[28] 中华预防医学会儿童保健分会．婴幼儿喂养与营养指南 [J]. 中国妇幼健康研究，2019，30(04):392-417.

[29] 卡特娅·罗厄尔，珍妮·麦格洛思林．宝宝挑食怎么办：五步克服挑食、厌食和进食障碍 [M]. 贺赛男，译．南昌：江西教育出版社，2018.

[30]DUGGAN C，FONTAINE O，PIERCE N F，et al. Scientific rationale for a change in the composition of oral rehydration solution[J]. JAMA，2004，291（21）:2628-2631.

[31] 中华医学会儿科学分会消化学组，《中华儿科杂志》编辑委员会．中国儿童急性感染性腹泻病临床实践指南 [J]. 中华儿科杂志，2016，54（7）:483-488.

[32] 中华医学会儿科学分会消化学组，中华医学会肠外肠内营养学分会儿科学组．婴儿急性腹泻的临床营养干预路径 [J]. 中华儿科杂志，2012，50（9）:682-683.

[33] 浙江省医学会儿科学分会感染学组．儿童轮状病毒感染的疾病负担及预防策略 [J]. 国际流行病学传染病学杂志，2019，46（03）:175-179.

[34] 中华医学会皮肤性病学分会组织免疫学组，特应性皮炎协作研究中心．中国特应性皮炎诊疗指南（2014 版）[J]. 全科医学临床与教育，2014，12（6）:603-609，615.

[35] COHEN BA. 儿童皮肤病学 [M]. 马琳，译．北京：人民卫生出版社，2009.

[36] 匡文娥．婴儿湿疹的治疗与护理 [J]. 基层医学论坛，2019，23（27）:3995-3996.

[37] SAEKI H，NAKAHARA T，TANAKA A，et al. Clinical practice guidelines for the management of atopic dermatitis 2016[J].The Journal of Dermateology，2016，43（10）:1117-1145.

[38] 施萍．儿童常见伴皮疹症状的感染性疾病 [J]. 中国社区医师，2012，28（11）:27-28.

[39] KENNEDY P G E，GERSHON A A.Clinical features of varicella-zoster virus infection[J].viruses，2018，10（11）:609.

[40] LONG S S，PROBER C G，FISCHER M.Principles and Practice of Pediatric Infectious Diseases[M].4th ed．2012.

[41] 中国营养学会妇幼营养分会．中国妇幼人群膳食指南（2016）[M]. 北京：人民卫生出版社，2018.

[42] 蔡威．生命早期营养精典 [M]. 上海：上海交通大学出版社，2019.

[43] 中国营养学会膳食指南修订专家委员会妇幼人群指南修订专家工作组．7 ~ 24 月龄婴幼儿喂养指南 [J]. 临床儿科杂志，2016，34（5）:381-387.

后　记

《太难啦！养娃第 1 年：新手爸妈科学育儿指南》作为科学育儿系列的第一册，历经一年多的写作、修改，在广东经济出版社的鼎力相助下，终于和宝爸宝妈们见面了。

为什么想要出版这样一套书呢？理由很简单：我们的团队聚集了一批拥有丰富经验的儿科、心理学、发育行为儿科学、营养学等方面的专家，他们在从事儿童早期发展的工作中和无数家庭打交道，发现新手爸妈有各种各样、大大小小的育儿难题。因此，为了给家长提供更专业的育儿知识，帮助家长更加轻松、科学地育儿，从根本上帮助宝宝成长，我们有责任、有义务通过更多渠道分享自己的经验。

养育宝宝这件事，对于新手爸妈来说，简直就是谜一样的存在。这本书提供了绝大多数养育难题的解决方法，具有很强的科学性和实用性。有幸陪伴宝宝们的成长，是这本书最大的成功，也是我们最大的欣慰。

看到这里，相信大多数父母已经顺利陪伴宝宝度过了人生开端的第一年，我们也想跟你们说一声“宝爸宝妈辛苦啦！”当然，作为父母，你们要经历的还有很多。新一轮的“闯关升级”要来了，你们准备好了吗？让我们一起迎接宝宝的第二年吧！